Irina Konotop

Wechselwirkungen der gebündelten Leitungen der Hoch- und Höchstspannungsnetze unterschiedlicher Frequenz und Nennspannung

Ilmenauer Beiträge zur elektrischen Energiesystem-, Geräte- und Anlagentechnik (IBEGA)

Herausgegeben von
Univ.-Prof. Dr.-Ing. Dirk Westermann
(Fachgebiet Elektrische Energieversorgung) und
Univ.-Prof. Dr.-Ing. Frank Berger
(Fachgebiet Elektrische Geräte und Anlagen)
an der Technischen Universität Ilmenau.

Band 29

Irina Konotop

Wechselwirkungen der gebündelten Leitungen der Hoch- und Höchstspannungsnetze unterschiedlicher Frequenz und Nennspannung

Universitätsverlag Ilmenau
2020

Impressum

Bibliografische Information der Deutschen Nationalbibliothek
Die Deutsche Nationalbibliothek verzeichnet diese Publikation in der Deutschen Nationalbibliografie; detaillierte bibliografische Angaben sind im Internet über http://dnb.d-nb.de abrufbar.

Diese Arbeit hat der Fakultät für Elektrotechnik und Informationstechnik der Technischen Universität Ilmenau als Dissertation vorgelegen.

Tag der Einreichung:	12. November 2019
1. Gutachter/-in:	Univ.-Prof. Dr.-Ing. Dirk Westermann (Technische Universität Ilmenau)
2. Gutachter/-in:	Univ.-Prof. Dr.-Ing. habil. Michael Rock (Technische Universität Ilmenau)
3. Gutachter/-in:	Dr.-Ing. Thomas Töppler (TEN Thüringer Energienetze GmbH & Co. KG)
Tag der Verteidigung:	19. Mai 2020

Technische Universität Ilmenau/
Universitätsbibliothek **Universitätsverlag Ilmenau**
Postfach 10 05 65
98684 Ilmenau
http://www.tu-ilmenau.de/universitaetsverlag

ISSN 2194-2838
ISBN 978-3-86360-230-7 (Druckausgabe)
DOI 10.22032/dbt.46063
URN urn:nbn:de:gbv:ilm1-2020000416

Vorwort

An dieser Stelle möchte ich mich ganz herzlich bei den Personen bedanken, ohne die diese Arbeit nicht möglich gewesen wäre.
An erster Stelle möchte ich ganz herzlich Herrn Dr.-Ing. habil. Alexander Novitskiy danken. Er hat durch seine fachliche Kompetenz, seine ständige Diskussionsbereitschaft, Hilfe, seine Geduld und nicht zuletzt durch seine moralische Unterstützung ganz wesentlich zum Gelingen dieser Arbeit beigetragen. Mein besonderer Dank gilt meinem Doktorvater Herrn Prof. Dr.-Ing. Dirk Westermann für seine wissenschaftliche und methodische Unterstützung, dank deren ich die Möglichkeit hatte, meine Promotion bis zum Abschluss zu bringen.
Bedanken möchte ich auch bei Herrn Dr.-Ing. Thomas Töppler für die zielführenden Diskussionen und die Übernahme des Korreferats.
Mein Dank gilt auch Herrn Prof. Dr.-Ing. Michael Rock für die Übernahme des Gutachtens.
Außerdem gilt mein Dank Herren Sebastian Glaser und Markus Funke für die Ratschläge und Anmerkungen bei der Fertigstellung des Manuskripts.
Danken möchte ich Herrn Heiko Kraut, Herrn Reiner Ölze und Firma TEN Thüringer Energienetze GmbH & Co. KG. Durch deren Unterstützung ist mir möglich gewesen, meine Arbeit zu schreiben und anzufertigen. An dieser Stelle möchte ich auch Herrn David Wartschinski für das gemeinsame Projekt mit der Firma TEN würdigen, an dem ich während meiner Doktorarbeit gearbeitet habe.
Des Weiteren möchte ich mich ganz herzlich bei allen Mitarbeitern des Fachgebietes Elektrische Energieversorgung der TU Ilmenau und Kollegen der Abteilung Planung und Bau Sekundärtechnik der Firma TEN für das gute Arbeitsklima bedanken.

Besonderer Dank gilt meinen Eltern sowie meinem Bruder und speziell meinem Mann und meinen zwei Kindern, die mich unermüdlich motiviert und die meine Arbeit mit Liebe unterstützt haben.

Diese Arbeit widme ich meiner lieben Mama

Ilmenau, im Oktober 2019 Irina Konotop

Kurzfassung

Im Zuge der Energiewende spielt der Ausbau erneuerbarer Energien (EE) eine wichtige Rolle. Für eine Einbindung der EE-Quellen ins Stromnetz ist der Energietransport erforderlich. Diesbezüglich muss das Netz entsprechend ausgebaut werden. Dafür werden die Maßnahmen getroffen, die einem NOVA-Prinzip (Netz-Optimierung vor Verstärkung vor Ausbau) folgen. Laut diesem Prinzip haben die Netzoptimierungs- und die Netzverstärkungsmaßnahmen Vorrang vor dem Ausbau der Stromnetze. Für den Ausbau kommt eine Trassenbündelung neuer Übertragungsleitungen mit anderen Versorgungsleitungen infrage. Hierbei werden in einem Trassenkorridor Leitungen von verschiedenen Spannungsebenen und Frequenzen gebündelt. Ein wichtiger Aspekt ist dabei die technisch und wirtschaftlich sinnvolle Gestaltung der Leitungsverbindungen. Aufgrund der räumlichen Nähe zueinander entstehen gegenseitige induktive, kapazitive und ohmsche Beeinflussungen, die den Betrieb von Netzen störend beeinflussen können. Es entstehen damit neue Gefahren, z. B. durch induzierte Spannungen aufgrund hoher Fehlerströme. Somit können Gefährdungen von Personen und Beschädigungen von empfindlichen elektronischen Betriebsmitteln entstehen. Bei Arbeiten an Leitungen können unzulässige Berührungsspannungen entstehen. Zur Beurteilung des Gefährdungspotenzials ist die Kenntnis der möglichen Berührungsspannung wichtig.

Die vorliegende Arbeit widmet sich der Fragestellung, welche Wechselwirkungen bei Trassenbündelung von Leitungen des Hoch- und Höchstspannungsnetzes unterschiedlicher Frequenz und Nennspannung berücksichtigt werden müssen. Dafür werden drei ausgewählten Fallstudien betrachtet. Es wird detailliert beschrieben, wie sich die Trassenbündelung auf den Netzbetrieb im Normal- und Fehlerzustand auswirkt und welche Beeinflussungen dabei entstehen. Ebenso wird über deren Auswirkungen diskutiert. Im Rahmen der Arbeit wird die Forschungsfrage untersucht, wie hoch die Berührungsspannung bei der Durchführung von Wartung oder Instandsetzung von gebündelten Leitungen sein kann. Des Weiteren wird im Rahmen dieser Arbeit eine neue Methode zur Berechnung von Berührungsspannungen vorgeschlagen. Damit ist es möglich, die zu erwartende Berührungsspannung in einer Strecke mit gebündelten Leitungen zu ermitteln.

Die Validierung der in der Arbeit entwickelten und verwendeten Netzmodelle inklusive der entworfenen Methode erfolgt mittels messtechnisch festgestellter Beeinflussungen im einen existierenden Netz.

Abstract

In the view of a gradual refuse of energy production from fossil fuels, the construction and installation of renewable energy (RE) sources plays an important role. Thus, embedding the RE-sources into the power networks would require proper transportation, so the networks should be expanded accordingly. To cope with this task, the corresponding steps and measures are undertaken following the NOVA (Network Optimization, then expand in Volume and Amplification) principle. According to this principle, the measures on network optimization and on increasing their throughput have higher priority than the development of grid infrastructure. Thus, for the expansion of a power line, there appears a question of sharing existing common corridors with other transmission lines. In this case, lines of different voltage and frequencies are bundled in a common corridor. An important aspect is the technically and economically reasonable layout of the line connections. The drawback of the common corridors is the interaction of nearby overhead lines due to inductive, capacitive and ohmic influences, which can interfere with each other and cause significant disturbances during their operation. The nearby influence creates new dangers as, e.g., induced voltages due to high fault currents, that can pose hazards to persons and damage sensitive electronic equipment. While working with cables, critically high touch voltages may occur. To assess the hazard potential it is important to know the possible contact voltage.

The present work addresses the question of what interactions have to be taken into account for the overhead lines, in case of high and extra high voltage networks of different frequency and voltage. Here four selected case studies are considered. Also it is described in detail how the parallel transmission affects the network operation under the normal and fault states, and what are the specific influences. Besides that, the possible implications are discussed too. An essential and important part of this work is the question of how high the touch voltage can be, while performing maintenance or repair works of the nearby power lines. Furthermore, in the frame of this thesis a method for the calculation of contact voltages is proposed, which makes it possible to determine the expected contact voltage within a network segment, containing parallel overhead lines.

The validation of the network models developed and applied in the work, including the proposed method, has been carried out by real measurements, which determined influences in an existing network.

Inhaltsverzeichnis

1 Einleitung

Aufgrund der wachsenden Einspeisung von Strom aus der Windenergienutzung und anderen erneuerbaren Energien, aber auch aufgrund des steigenden Stromhandelsvolumen müssen die deutschen Stromnetze an die Veränderung der Erzeugungs- und Verbrauchsstrukturen angepasst, optimiert und ausgebaut werden. Dabei ist die Umsetzung des so genannten NOVA-Prinzips (Netz-Optimierung vor Verstärkung vor Ausbau) [1] wichtig. Das NOVA-Prinzip bedeutet, zunächst den aktuellen Netzbetrieb optimal auszunutzen und bei Bedarf zu verstärken. Falls die vorrangige Netzoptimierung und verstärkung nicht ausreicht, wird das Netz mit neuen Leitungen ausgebaut. Zum Beispiel in [2] wurde eine Methodik zur Optimierung und Beeinflussung des Verbrauchsverhaltens in Verteilnetzen vorgeschlagen.

Mit dem Energiekonzept vom September 2010 hat sich Deutschland zum Ziel gesetzt, bis 2030 mindestens 50 Prozent, bis 2040 mindestens 65 Prozent und bis 2050 mindestens 80 Prozent des Strombedarfs mit erneuerbaren Energien abzudecken [3].
Bei der Entwicklung eines heutigen elektrischen Energiesystems sind einerseits die Erhöhung des Energiebedarfes und die stark zunehmende Erzeugung und andererseits die deutliche Verschärfung der territorialen Einschränkungen voneinander abhängig.
Aufgrund der Schwierigkeiten, neue Korridore für die zusätzlichen Hoch- und Höchstspannungsleitungen (HoS- und HöS-Leitungen) in dicht besiedelten Ländern mit entwickelter Infrastruktur zu schaffen, wird oft vorgeschlagen, die neuen Übertragungsleitungen mit anderen Leitungs-, Energie- und Verkehrstrassen zu führen.
Dies bedeutet, in einem Trassenkorridor mit enger Nachbarschaft die Leitungen von verschiedenen Spannungsebenen und Frequenzen (50 Hz, DC, Bahnnetz) zu bündeln (sog. Trassenbündelung).
Die Abbildung 1.1 kennzeichnet ein einfaches Beispiel der Parallelführung (Leitungsbündelung) von Leitungen der zwei Netze A und B. Dabei können verschiedene Varianten der Bündelung (Leiter unterschiedlicher Nennspannung und Frequenz) entstehen.

Ein wichtiger Aspekt der technisch und wirtschaftlich sinnvollen Gestaltung der Leitungsverbindungen ist die Berücksichtigung des Bündelungspotenzials [4]. Die parallel geführten Leitungen auf dem gemeinsamen Gestänge (sog. zusammengeführte Leitungen) beeinflussen sich gegenseitig [5]. Es entstehen starke kapazitive und induktive sowie ohmsche Kopplungen der Höchstspannungsleitungen (HöS-Leitung) zu anderen Leitungen. Durch die Entstehung dieser Kopplungen können unerwünschte Wechselwirkungen zwischen den Stromnetzen von verschiedenen Spannungsebenen und Frequenzen verursacht werden, die den Betrieb von Netzen störend beeinflussen können. Bei der Parallelführung der Stromkreise von Leitungen treten Probleme durch induktiv und kapazitiv übertragene Stör- und Gefährdungsspannungen und Ströme auf [6]. Aus diesem Grund müssen die Wechselwirkungen zwischen den verschiedenen Stromkreisen analysiert und auf die mögliche Gefahren für den Betrieb untersucht werden. Die gebündelten Leitungen auf einer gemeinsamen oder mehreren eng benachbarten Gestängen können auf die benachbarten elektrisch leitfähigen Strukturen wie z. B. Telekommunikationseinrichtungen und Niederspannungsinstallationen störend wirken [7]. Die Strecke mit mehreren zusammengeführten Leitungen auf dem gemeinsamen Gestänge ist als Gemeinschaftsleitung (GML) benannt. Aus der Sicht der entstehenden Wechselwirkungen stellt die GML einen Worst-Case-Fall dar, da die zusammengeführten Leitungen nahe zueinander positioniert sind.

Aus technischen und ökonomischen Gründen ist eine Bündelung neuer Leitungen mit vorhandenen oder in Planung befindlichen Hoch- und Höchstspannungs-Freileitungen der Netzbetreiber von Priorität.

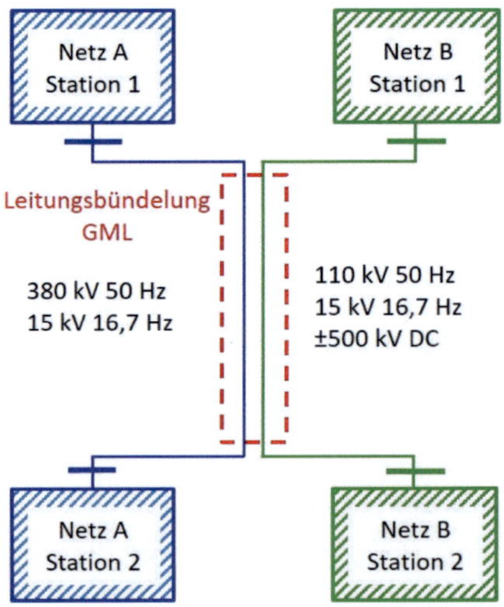

Abb. 1.1: Schematische Darstellung der Bündelung von Leitungen unterschiedlicher Nennspannungen und Frequenz

Ebenfalls bei den gebündelten Leitungen können die gemäß Induktionsgesetz sog. induzierten Spannungen [8] zu gefährlichen Fehlerspannungen und somit zu gefährlichen Berührungsspannungen führen [7]. Dieser Einfluss muss bei der Durchführung von Instandsetzun-

gen der Leitungen berücksichtigt werden. Die Berührungsspannung bewirkt einen elektrischen Strom (sog. Berührstrom), der bei der Durchströhmung eines Menschen oder Tieres zu lebensbedrohlichen Verletzungen oder gar zum Tod führen kann [9]. Zur Beurteilung des Gefährdungspotenzials ist die Kenntnis der induzierten Spannung wichtig. Um die Gefährdung auszuschließen, ist daher die Einhaltung der zulässigen Grenzwerte bei der Auslegung der Erdungsanlagen notwendig.
Die Auslegung von Erdungsanlagen ist ein wesentlicher Aspekt bei der Planung und dem Betrieb von elektrischen Energieversorgungsnetzen. Erdungsanlagen müssen grundsätzlich auf die Anforderungen des Korrosionsschutzes, die Höhe des maximal auftretenden Fehlerstromes sowie die Anforderungen der Personen- und Betriebssicherheit hin ausgelegt sein [10]. Die Erdungsanlagen haben die grundsätzliche Aufgabe, Fehlerströme (auch transiente Blitzströme) in das Erdreich abzuleiten. Aufgrund des abfließenden Fehlerstromes kommt es an der Fehlerstelle zur Potenzialaufhebung gegenüber der Bezugserde (ferne Erde). Um einen sicheren und zuverlässigen Netzbetrieb gewährleisten zu können, ist es wichtig, die auftretenden Spannungen innerhalb der normativen Grenzen zu halten [11].

1.1 Forschungsfragen

Die vorliegende Arbeit widmet sich daher der Fragestellung

Welche Wechselwirkungen kommen bei der Bündelung von Leitungen des Hoch- und Höchstspannungsnetzes unterschiedlicher Frequenz und Nennspannung in Betracht und wie werden diese Wechselwirkungen für praktische Analysen bei der Projektierung von gebündelten Leitungstrassen berücksichtigt?

Die Beantwortung soll anhand weiterer Forschungsfragen erfolgen. Da in der letzten Zeit ein Bedarf an Trassenbündelung neuer Leitungen mit vorhandenen oder in Planung befindlichen Hoch- und Höchstspannungs-Freileitungen entstanden ist, ist es erforderlich, die technische Machbarkeit solcher Zusammenführungen zu untersuchen. Wegen räumlich sehr nah zueinander positionierten Leitungen entstehen die gegenseitigen induktiven, kapazitiven und evtl. galvanischen Beeinflussungen, die störend auf den Leitungsbetrieb einwirken können. Damit entstehen neue Gefahrenstellen z. B. durch induzierte Spannungen aufgrund der hohen Fehlerströme und somit können Gefährdungen von Personen und Beschädigungen von Betriebsmitteln entstehen. Daher soll in der vorliegenden Arbeit eine Methodik zur Berücksichtigung von ermittelten Wechselwirkungen für praktische Aufgaben entwickelt werden.

Bei der Arbeit an der abgeschalteten Leitung können unzulässige Berührungsspannungen entstehen. Bei der Auslegung der Erdungsanlagen ist die Einhaltung der zulässigen Grenzwerte notwendig. Die Größe der Berührungsspannung kann in bestehenden Netzen gemessen oder durch die mathematische Modellierung berechnet werden. In neu geplanten und in umgebauten Netzen ist die Berührungsspannung nur durch die Berechnung zu ermitteln. Dadurch kann die Einhaltung der Grenzwerte schon in der Planungsphase überprüft werden. Bei Nichteinhaltung ist es möglich, die Korrekturmaßnahmen frühzeitig einzuplanen. Da einheitliche Normen bzw. Empfehlungen zur Berechnung der gefährlichen Berührungsspannungen fehlen (besonders für gebündelte Leitungen), welche wenig erforscht sind, soll sich die gegenwärtige Arbeit mit der Entwicklung des methodischen Verfahrens zur Bestimmung der zu erwartenden Berührungsspannungen beschäftigen. Dabei werden die folgenden Fragen beantwortet:

1. *Welche Wechselwirkungen bei den Trassenbündelungen können im Normalbetriebszustand und Fehlerfall auftreten und welches Beeinflussungsmodell für praktische Aufgaben soll verwendet werden?*

2. *Wie sicher ist die Arbeit an der abgeschalteten gebündelten Leitung und wie wird die unzulässige Berührungsspannung berechnet?*

In der Arbeit werden mehrere Varianten der Bündelung von Leitungen unterschiedlicher Nennspannung und Frequenz betrachtet, damit besteht die Möglichkeit, diese Problematik breiter zu untersuchen. Die Arbeit befasst sich auch mit der Modellbildung der Stromverläufe in Erdungsanlagen. Damit ist es möglich, die Ströme und Spannungen an den Erdungsanlagen durch den Ersatzimpedanzen zu berechnen sowie die zu erwartende Berührungsspannung zu bewerten.

1.2 Vorgehensweise

Zur Beantwortung der Forschungsfragen untergliedert sich die vorliegende Arbeit in sechs Kapitel.

Kapitel 1 gibt eine Einführung in die Thematik und stellt die Forschungsfragen der Arbeit vor.

In **Kapitel 2** werden Wechselwirkungen bei der Bündelung von Leitungen unterschiedlicher Nennspannung und Frequenz diskutiert. Weiterhin folgt eine Auseinandersetzung mit dem aktuellen Stand des Wissens zum Thema Trassenbündelung. Ebenso werden gefährliche Berührungsspannungen bei der Durchführung der Arbeiten an der abgeschalteten Leitung und die zulässigen Grenzwerte nach Empfehlungen und Vorschriften in verschiedenen Ländern erläutert.

In **Kapitel 3** wird das Beeinflussungsmodell und -mechanismus der gebündelten Leitungen diskutiert. Es wird auf die mathematisch beschriebenen Leitungsparameter, die Mastkonfigurationen und die Freileitungs- und Kabelsysteme eingegangen. Dabei wird die Verdrillung der Leitung erläutert und dargestellt, wie diese sich als Maßnahme zur Reduzierung der störenden Beeinflussung verhält. Ebenso werden die betriebenen Netze, besonders die über Netze mit der Erdschlusskompensation, erörtert. In diesem Kapitel werden die betrachteten Optionen der Bündelung definiert. Dabei wird das Augenmerk der Forschung auf zusammengeführte Netze mit in Deutschland üblichen Nennspannungen von 15 kV bis 380 kV und 500 kV (Netzentwicklungsplan NEP [12]) sowie die in West- und Osteuropa betrieblichen Frequenzen 0; 16,7 und 50 Hz gelegt.

In **Kapitel 4** wird detailliert das entwickelte Verfahren zur Bestimmung der unzulässigen Berührungsspannungen bei Arbeit an der abgeschalteten Leitung vorgestellt. Dabei wird ebenso ein Blick auf die Masterdungsanlagen geworfen.

Kapitel 5 gibt die numerische Validierung des Beeinflussungsmodells und des Verfahrens zur Berechnung von Berührungsspannung mit experimentellen Messungen einer Fallstudie wieder. Es wird detailliert beschrieben, wie sich die Trassenbündelung auf den Netzbetrieb im Normal- und Fehlerzustand auswirkt und welche Beeinflussungen dabei entstehen. Ebenso wird über die Auswirkungen diskutiert. Weiterhin werden die Ergebnisse der berechneten Berührungsspannungen nach den vorgeschlagenen Verfahren vorgestellt. Ebenso wird über die experimentelle Verifizierung der Ergebnisse von Berührungsspannungen gesprochen.

In **Kapitel 6** wird eine Zusammenfassung der erreichten Ergebnisse vorgenommen. Den Schluss der Arbeit bildet ein Ausblick auf weiterführende Forschungsfragen bzw. Arbeiten.

2 Stand der Technik

2.1 Trassenbündelung

Ein wesentlicher Aspekt der Trassenbündelung besteht in der Zusammenführung auf den gemeinsamen Masten der Leitungen von verschiedenen Spannungsebenen und Nennfrequenzen. Die Trassenbündelung zwingt zu langen Zusammenführungen mit Wechselwirkungen, die den Netzbetrieb der betroffenen Systeme störend beeinträchtigen können. Dabei wirken folgende wesentliche Mechanismen [13, 14] bei wechselseitigen Beeinflussungen von Freileitungen:

- kapazitive Beeinflussung
- induktive Beeinflussung
- ohmsche Beeinflussung

Kapazitive Beeinflussung entsteht durch das elektrische Feld der Leiter-Leiter- und Leiter-Erde-Spannung.
Induktive Beeinflussung kommt durch das magnetische Feld der Leiterströme zustande.
Ohmsche Beeinflussung tritt durch das Eindringen der Koronaströme im Leiter und durch die galvanische Verbindung im Erdungssystem auf.
Bei der Beeinflussung benachbarter Stromkreise ist die Schaltung und Sternpunktbehandlung benachbarter Systems ausschlaggebend dafür, ob die induzierende oder influenzierende Komponente einen störenden Einfluss auf den Betrieb benachbarter Systeme ausübt. Da in Deutschland rund 75 Prozent der HoS-Netze mit Erdschlusskompensation betrieben werden, ist diese Beeinflussung ein Problem, vor allem im Hinblick auf die Löschfähigkeit solcher Netze [15].
In 110-kV-Netzen mit Erdschlusskompensation kann die in unbeeinflussten Netzen niedrige Sternpunktverlagerungsspannung stark anwachsen, wenn 110-kV-Stromkreise auf Mehrfachgestängen z. B. 380 kV/110 kV mitgeführt werden [16]. Die Erhöhung der Verlagerungsspannung tritt in diesem Fall im gesamten galvanisch zusammenhängenden Netz auf [17, 18]. Als eine mögliche Maßnahme zur Reduzierung der Spannungsverschiebung kann die Löschspule verwendet werden [19], die nicht unbedingt als effiziente Kompensationseinrichtung dient [17].
Heutzutage gibt es eine ganze Reihe von Untersuchungen der Wechselwirkungen bei Parallelführung von Drehstrom-Freileitungen mit der Frequenz 50 Hz und 16,7 Hz, wie z. B. [20, 21, 22, 23] zeigt. Am Beispiel einer Schweizer Mehrfachleitung am San Bernardino

wird in [5] beschrieben, welche Probleme bei der Parallelführung der Drehstromleitungen 380 kV/50 kV auftreten können und wie man sie behebt.
Bei der Bündelung des Bahntrassenkorridors mit der Drehstromübertragungsleitung kommt es ebenfalls zu einer kapazitiven und induktiven Kopplung [24, 25]. Nicht nur im Bahnbetrieb, sondern auch in Telekommunikationsleitungen können so Störungen auftreten [26, 27, 28, 29]. Die induzierten Ströme von Übertragungsleitungen in den parallelgeführten Kabeln können in Kabelschirmen Korrosion verursachen [30, 31]. Die induzierte Spannung auf den geerdeten Leitern und Bahnschienen kann für Menschen und Tiere gefährlich sein [22, 32].
Die Betriebserfahrungen mit den Drehstrom-Mehrfachleitungen sowie parallel verlaufenden Drehstrom-Freileitungen in gleichen Trassenkorridoren bestätigen die technische Möglichkeit der Bündelungslösungen nach [33] und nach den Studien in [34, 35, 36]. Bei der Planung und Betriebsführung von gebündelten Drehstrom-Freileitungen muss eine Reihe von technischen Einschränkungen zur Realisierung der gebündelter Drehstrom-Freileitungen berücksichtigt werden [16].
In den letzten Jahren ist durch den gestiegenen Energietransportbedarf das Interesse an Hochspannungs-Gleichstrom-Übertragung (HGÜ) deutlich gestiegen. Bei dem Bau neuer leitungsfähiger Verbindungen über grosse Distanzen hat Gleichstrom (DC) gegenüber Wechselstrom (AC) diverse Vorteile (geringere elektrischen Leitungsverluste, größere Leistungsübertragung, keine Synchronisierung, kein Skin-Effekt, keine Blindleistung und kompakte Freileitungs- und Kabelbauweise). Je nach Anforderungen können für neue DC-Hochleistungsverbindungen bestehende Leitungskorridore genutzt werden. Dabei entsteht entweder eine reine HGÜ-Leitung oder eine AC-DC-Hybridleitung mit AC- und DC-Systemen auf dem gemeinsamen Gestänge.
Nach [37, 38] werden die geplanten Stromverbindungen über weite Strecken vom Norden in den Süden Deutschlands die HGÜ-Technologie anwenden. Erfahrungen über den Betrieb von kombinierten Drehstrom- und Gleichstrom-Freileitungen über lange Strecken existieren noch nicht, da sich die entsprechenden Kombinationen der Stromübertragungstechnologien noch in der Untersuchungs- und Erprobungsphase befinden [39]. Jedoch wird heutzutage viel zu dem Thema Hybridleitungen untersucht [40]. Im Jahr 2007 haben Amprion und TransnetBW (Übertragungsnetzbetreiber) eine Zusammenarbeit gestartet, welche einen Umbau einer mehrsystemigen AC-Freileitung in die AC-DC-Hybridleitung zum Ziel hat [41]. Die neue Hybridleitung (Ultranet) kann elektrische Energie über eine etwa 340 Kilometer lange Strecke in Deutschland übertragen. Dafür wurden die Untersuchungen [42, 43] durchgeführt,

die eine grundsätzliche Machbarkeit der Umrüstung der zweisystemigen 380-kV-Freileitungen zu einer Hybridleitung nachgewiesen haben.

Durch den Umbau der Drehstromleitung in eine AC-DC-Hybridleitung ändert sich der Charakter der Wechselwirkungen zwischen den benachbarten Stromkreisen, da sich die Leitersysteme der Stromübertragungsnetze mit den unterschiedlichen Betriebs- und Aufbaumerkmalen (50-Hz-Netze und HGÜ-Netze) räumlich sehr nahe zueinander befinden müssen. In [44] wurden die entstehenden Wechselwirkungen untersucht. In der Studie [45] wurden praktische Empfehlungen zur technischen Machbarkeit und optimalen Auslegung (für minimalen Auswirkungen) der gebündelten HöS-Drehstrom- und HGÜ-Systeme zur Energieübertragung über lange Strecken entwickelt. Im Rahmen der Arbeit [46] hat der Autor einen wegweisenden Beitrag zur Berechnung von elektromagnetischen Kopplungen hybrider Mastkonfigurationen geleistet. Hier wurden einige unterschiedliche Einflussfaktoren beleuchtet. Dafür hat er [46] ein analytisches, verteiltes Leitungsmodell auf Grundlage einer an die Leitungsgeometrie angepassten Modaltransformation verwendet.

Ein weiterer Effekt, der bei der gebündelten Leitung berücksichtigt werden soll, ist die Injektion der Koronaströme. Der Effekt des Eindringens der Koronaströme entsteht z. B. bei den hybriden AC-DC-Freileitungen auf der DC-Leiteroberflächen [14, 47]. Die hohen angelegten Spannungen an den Leitern der HöS-Leitung verursachen die Luftionisierungsvorgänge und die Koronaentladungen. Aufgrund von Ionisationsprozessen entstehen die Raumladungen sowohl zwischen zwei Leitern als auch zwischen jedem Leiter und der Erde. Eine Aufteilung in entsprechende Verlustanteile Leiter-Erde und Leiter-Leiter ist aus der Literatur bisher nicht bekannt. Die Koronaverluste und damit die ohmschen Querleitwerte von Freileitungen sind stark von den Witterungs- und Feuchtigkeitsbedingungen abhängig. Die Verluste bei Gleichstrom sind niedriger als bei Wechsel- bzw. Drehstrom anhand des fehlenden Skin-Effektes [48].

Das raumladungsbehaftete Feld setzt sich aus einer Ionisationszone und einer Raumladungszone zusammen. Die Ionisationszone ist eine dünne Schicht um einen einzelnen Leiter. Durch die erhöhte Feldstärke an der Leiteroberfläche werden in der Ionisationszone frei bewegliche (Start-)Elektronen aus der Luft beschleunigt und durch Stoßionisationsprozesse neue Ladungsträger (Luftionen und Elektronen) erzeugt. Die erzeugten Elektronen werden in Richtung der positiv geladenen Leiter beschleunigt und ionisieren auf dem Weg weitere Luftmoleküle. Da die bereits vorhandenen und neu erzeugten Elektronen eine geringere Masse haben und damit schneller beschleunigt werden können als Ionen, werden die Stoßionisationsprozesse überwiegend durch die Elektronen hervorgerufen. Dadurch entstehen Ladungsträgerlawinen. Die Ladungsträgerbewegung bestimmt die Koronaströme, die sowohl zwischen den Leitern als auch zwischen den Leitern und der Erdoberfläche fließen [36].

Koronaentladungen gibt es sowohl bei Wechsel- als auch bei Gleichstrom. Bei den HöS-Drehstromleitern entstehen die Koronaströme ebenfalls, aber die räumliche Ausbreitung der Koronaströme der Drehstromleitungen bleibt begrenzt [36]. Die AC-Leiter, die sich in der Nähe von DC-Leitern befinden, werden durch die DC-Koronaströme beeinflusst. In [47] wurde bspw. die Höhe der in das Drehstromnetz injizierten Koronaströme von ca. 1 mA/km rechnerisch ermittelt. In [14, 47] wird darauf hingewiesen, dass die injizierten HGÜ-Ströme die Sättigung der Magnetsysteme von Transformatoren im AC-Netz verursachen können und sich dadurch störend auf den Transformatorbetrieb auswirken.

In [49, 50, 51] wurde die Problematik der Injektion der HGÜ-Koronaströme in die AC-Leiter vertieft untersucht. Es wurde gezeigt, dass nur ein Teil der erzeugten DC-Koronaströme den AC-Leiter durchdringen kann. Das sind die Koronaströme, die in einem räumlich begrenzten Bereich fliessen. In [36, 45] wurde die praktische Schlussfolgerung gezogen, dass der zu erwartende injizierte HGÜ-Koronastrom immer kleiner als der gesamte Koronastrom eines HGÜ-Leiters ist. Bei [36] wurde festgestellt, dass unter Berücksichtigung der üblichen Charakteristiken des Magnetsystems der Transformatoren im Bahnnetz die zu erwartende Beeinflussung auf die Bahntransformatoren gering ist und damit vernachlässigt werden kann (0,8 Prozent des maximalen Koronastromes).

Die vorliegende Arbeit fokussiert sich auf Untersuchungen der kapazitiven und induktiven Kopplungen im gebündelten Leitungen. Diese Beeinflussungen sind wesentlich ausgeprägter als die Koronaströme.

Im Rahmen der Arbeit werden die Netze mit in Deutschland typisch betriebenen Frequenzen und Spannungen betrachtet, z. B. DC, 16,7 Hz, 50 Hz und 15(25) kV (Bahnnetz), 110 kV (Verteilungsnetz), 380 kV (Übertragungsnetz), ±500 kV (Übertragungsnetz, zukünftig nach [12]) (siehe Kapitel 5.1). Mehrere Varianten der gebündelten Leitungen sind heutzutage in Deutschland vorhanden. Die zwischen den gebündelten Leitungen entstehenden Wechselwirkungen sind in der Tabelle 2.1 optional dargestellt.

Im Folgenden wird in beeinflussende und beeinflusste Leiter unterteilt. Das hängt davon ab, ob von Leitern eine Beeinflussung ausgeht oder sie durch benachbarte Leiter eines anderen Netzes eine Beeinflussung erfahren. In der Tabelle 2.1 sind die beeinflussenden Leiter als Ursache (waagerecht) und die beeinflussten Leiter als Wirkung (senkrecht) kennzeichnet.

Tab. 2.1: Wechselwirkungen der gebündelten Leitungen unterschiedlicher Frequenz und Nennspannungen

Ursache (Spalten) / Wirkung (Zeilen)

	15 kV 16,7 Hz	25 kV 50 Hz	110 kV 50 Hz (RESPE[1])	380 kV 50 Hz	±500 kV DC FL	±500 kV DC Kabel
15 kV 16,7 Hz	—			Wirkung induzierte I, U	Wirkung Korona	Wirkung galvanisch
25 kV 50 Hz		—		Wirkung induzierte I, U	Wirkung Korona	Wirkung galvanisch
110 kV 50 Hz (RESPE[1])			—	Wirkung induzierte I, U Verlagerungs- spannung U_0		
380 kV 50 Hz			keine Wirkung	—	Wirkung Korona	
±500 kV DC FL	Wirkung psoph. Störstrom	Wirkung psoph. Störstrom		Wirkung induzierte I, U	—	
±500 kV DC Kabel	Wirkung Korrosion	Wirkung Korrosion				—

Zum Beispiel: Die Leiter des 380-kV-Netzes (50 Hz) (fünfte Spalte waagerecht) sind mit den Leitern des 110-kV-Netzes (50 Hz, RESPE[1]) (vierte Spalte senkrecht) gebündelt. In dem Fall entsteht die Wirkung zwischen Leitungen beiden Netzen. Dabei beeinflusst das 380-kV-Netz die induzierten Ströme und Spannungen im 110-kV-Netz und im 110-kV-Netz wird die Verlagerungsspannung gestört. Bei der Gegenbetrachtung wird das 110-kV-Netz aufgrund der höheren Spannung im beeinflussten 380-kV-Netz keine störenden Einflüsse im 380-kV-Netz (keine Wirkung, Tabelle 2.1) aufweisen (nach Untersuchungen in [53]).
Die in der Tabelle 2.1 kennzeichnete Varianten der möglichen Mitführungen sind in der vorliegenden Arbeit untersucht und numerisch validiert worden (siehe Kapitel 5).

2.2 Arbeiten an abgeschalteten Leitungen

Vor Durchführung der Arbeiten wie z. B. Wartung an abgeschalteten Leitungen müssen mögliche Gefährdungen abgeschätzt werden [54]. Ein wichtiges Kriterium dazu ist der Wert der Berührungsspannung, der einen zulässigen Grenzwert nicht überschreiten darf. In bestehenden Netzen kann die Berührungsspannung entweder berechnet oder anhand eines Versuchs [10, 55] gemessen werden. In neu geplanten oder in umgebauten Netzen kann die

[1]RESPE - Resonanzsternpunkterdung, siehe Kapitel 3.6.2

Bestimmung der Berührungsspannung nur durch eine Berechnung erfolgen. Damit kann die Einhaltung der Grenzwerte schon in der Planungsphase überprüft werden.
Unter der ***Berührungsspannung*** U_B wird im Sinne von [56] die Spannung verstanden, die zwischen den leitenden Teilen entsteht, wenn sie gleichzeitig berührt werden (siehe Abb. 2.1 a). Die Berührungsspannung wird durch den Körperwiderstand der Person R_M im Moment der Handberührung durch elektrischen Kontakt beeinflusst.
Neben der Berührungsspannung ist die Schrittspannung, ein weiteres wichtiges Kriterium der Gefährdung. Die *Schrittspannung* U_S entspricht dem Spannungsabfall an der Erdoberfläche von 1 Meter (Abb. 2.1 b) und wird mit zunehmender Entfernung von der Stromeinspeisestelle geringer. Die Strombahn geht in diesem Falle über beide Füße.

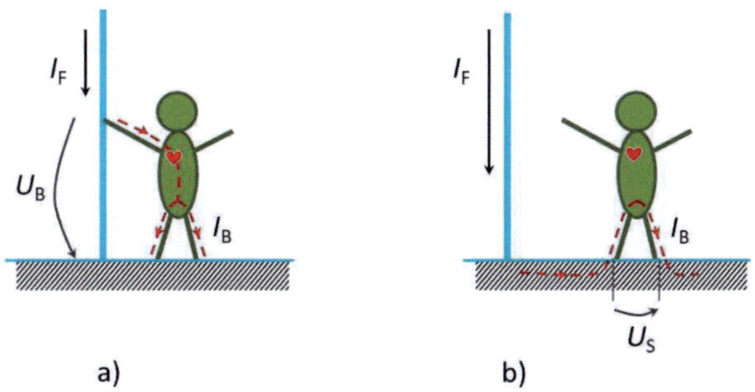

Abb. 2.1: Schematische Darstellung der a) Berührungsspannung U_B und b) Schrittspannung U_S mit Fehlerstrom I_F und durch den Körper fließender Strom I_B

Eine besondere Gefahr stellt der Stromfluss über das Herz dar. Wenn es zu einer Berührung der unter Spannung stehenden Teile zwischen Hand – Fuß (siehe Abb. 2.1 a, Stromweg I_B) oder Hand – Hand kommt. Es besteht besonders eine Gefahr des Herzkammerflimmerns. Bezugnehmend auf den kritischsten Fall für den Mensch ist die vorliegende Arbeit auf die Betrachtung und Modellierung von Berührungsspannung abgegrenzt.
Zu beachten ist, dass die Werte der Berührungsspannung im allgemeinen Fall sehr stark von mehreren Bedingungen wie z. B. Körperimpedanz, Zustand der Haut einer Person, Kleidung, trockene oder feuchte Umgebung, Temperatur und Größe der Berührfläche abhängig sind [57]. In der Abb. 2.2 sind die zulässigen Berührungsspannungswerte in Abhängigkeit von dem Hautzustand (Abb. 2.2, engl. „dry“ – trocken, engl. „wet“ – feucht) einer anfassenden Person und der Dauer des Berührungskontaktes vorgestellt. Die Grenze der zulässigen Berührungs-

spannung ist z. B. bei feuchter Haut geringer, da in dem Fall die Körperimpedanz kleiner als die Körperimpedanz trockener Haut ist. In der ersten Reihe hängen jedoch die zulässigen Werte der Berührungsspannung von der Dauer des Kontaktes mit dem elektrischen Teil und von der Art der Spannung (AC, DC) ab.

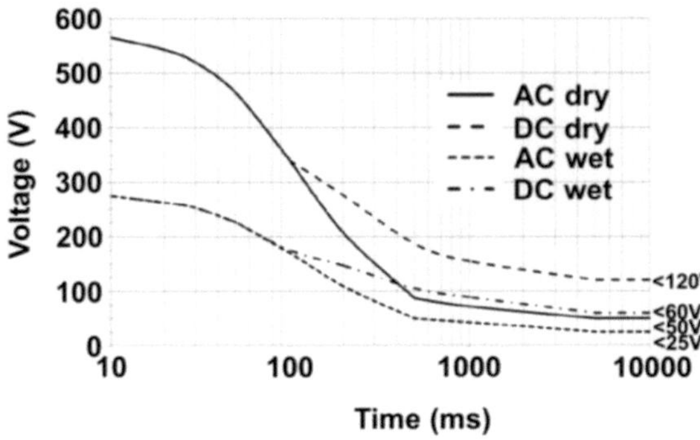

Abb. 2.2: Höchste zulässige Berührungsspannung in Abhängigkeit von dem Hautzustand und der Dauer des Berührungskontaktes, in Anlehnung an [58]

Die zulässigen Werte der Berührungsspannung sind für die verschiedenen Länder unterschiedlich. Der international angewendete Standard DIN EN 50522 [56] definiert im allgemeinen Fall die Grenze der Berührungsspannung von 80 V für den Stromfluss länger als 10 Sekunden, enthält aber gleichzeitig eine Reihe von nationalen Abweichungen, die in entsprechenden Ländern anstelle der internationalen Norm ihre Anwendung finden und mithilfe von gesetzlichen Regelungen reglementiert sind.

Beispielhaft ist in der Abbildung 2.3 (engl. „unpermissible area" – unzulässiger Bereich, engl. „permissible area" – zulässiger Bereich) der Bereich der zulässigen Berührungsspannungen für die Schweiz grafisch dargestellt (nach [56]). Aus der Abbildung kann entnommen werden, dass die zulässige Berührungsspannung für den Stromfluss länger als 5 Sekunden maximal 50 V betragen darf. Diese Werte sind durch das Bundesgesetz der Schweiz bestätigt [59]. In der praktischen Realisierung bedeutet das, dass im Vergleich zu anderen Ländern andere Anforderungen an die Gestaltung der Erdungsanlagen sowie für die Abschätzung der maximalen Berührungsspannungswerte in der Schweiz gelten.

In Deutschland sind die zulässigen Berührungsspannungswerte nur für die Niederspannungsanlagen reglementiert [60, 61] und für die höheren Spannungsebenen weiter verallgemeinert.

Heutzutage betragen die zulässigen Berührungsspannungswerte 50 V für AC-Leitungen, 120 V für DC-Leitungen [62] und in einigen speziellen Fällen 25 V AC und 60 V DC.

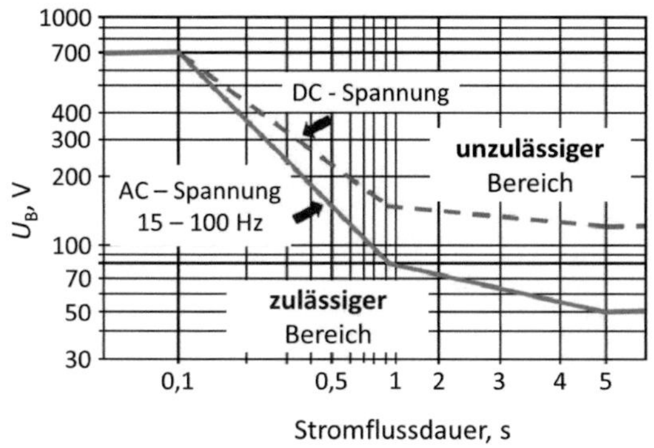

Abb. 2.3: Bereich der zulässigen Berührungsspannungen für die Schweiz, in Anlehnung an [56]

Der IEEE-Standard 80 [63] weist darauf hin, dass die zulässigen Berührungspannungswerte auch vom Körpergewicht der an der Freileitung beschäftigten Person abhängen. Laut [63] beträgt der zulässige Grenzwert der Berührungsspannung für eine Person mit 70 kg (bei dem Stromfluss von 5 Sekunden) 70 V.

Eine der strengsten nationalen Normen in Bezug auf die Definition der zulässigen Berührungsspannungswerte gibt es in der Russischen Föderation [64]. Die maximal zulässige Berührungsspannung wird in [64] mit einem Wert von 20 V (für den 50 Hz Stromfluss länger als 1 Sekunde) definiert. Außerdem müssen laut [65] alle Wartungsarbeiten an der abgeschalteten Freileitung mit der induzierten Spannung über 25 V mit einer zusätzlichen Schutzausrüstung durchgeführt werden.

In der Tabelle 2.2 sind die Werte der maximal zulässigen Berührungsspannungen in einigen Ländern zusammengestellt. Allgemein für europäische Länder [56] beträgt der Grenzwert der Berührungsspannung 80 V bei einer Stromflussdauer länger als 5 Sekunden. In einigen Länder weicht dieser Grenzwert ab.

Unter Berücksichtigung der oben genannten Unterschiede kann festgestellt werden, dass die endgültige Standardisierung der Normen und Richtwerte für die Berührungsspannungen eine der wichtigsten Aufgaben mit vielen offenen Fragen darstellt.

In der vorliegenden Arbeit wird als Grenze für die zulässige Berührungsspannung der Wert von 50 V AC zur Analyse der Simulationsergebnisse angenommen.

Tab. 2.2: Grenzwerte der zulässigen Berührungsspannungen U_{B}

Land	U_{B}, V	Quelle
Europäische Länder allgemein	80	[56]
USA	70	[63]
Schweiz	50	[56]
Schweden	50	[56]
Deutschland	50	[62]
Russland	25	[64]

Ermittlung von Berührungsspannung

Ganz allgemein gilt für die Berührungsspannung U_B die Gleichung:

$$U_B = I_B \cdot R_M \tag{2.1}$$

mit:

R_M - Widerstand des Menschen und

I_B - durch den Körper fließender Strom, sog. Berührungsstrom.

Da es in bestehenden Netzen schwer und in neu geplanten Netzen gar nicht möglich ist, die Berührungsspannung oder den Berührungsstrom zu messen, bleibt als einzige Maßnahme, die Größe der Berührungsspannung anhand von mathematischer Modellierung zu berechnen.
Im IEEE-Standard 80 [63] sind unterschiedliche Kriterien zur Berechnung der Berührungsspannung angegeben. Die Berechnung basiert auf analytischen Funktionen, die von verschiedenen Parametern wie z. B. dem spezifischen Erdbodenwiderstand, der Dauer des Kontaktes und dem Körpergewicht abhängig sind. Dazu sind die Korrekturfaktoren, darunter teilweise empirische (wie Senkung der Empfindlichkeit der Bodenoberfläche,) zu beachten. Der IEEE-Standard [63] wurde im Laufe der Jahre entwickelt. Eine detaillierte Beschreibung sowie die Entwicklung des IEEE-Standards sind in [66] gegeben.
In [6] ist vorgeschlagen, die Berührungsspannung bei parallel geführten Hochspannungsleitungen als die induzierte Spannung zu betrachten. Wenn die Erdungsimpedanz einer Erdungsanlage (siehe Kapitel 4.1.2) sehr groß gegenüber allen übrigen Impedanzen der Beeinflussungsschleife ist, wird die Berührungsspannung als Maximalwert der induzierter Spannung angenommen. Die induzierte Spannung wird mithilfe der Potentialkoeffizienten (Flusskoef-

fizienten, [6]) berechnet. Dabei ist in [6] die Person selbst, die laut Begriff der Berührungsspannung elektrisch leitende Teile berührt, nicht berücksichtigt.

Ganz allgemein hat die Literaturrecherche gezeigt, dass die Problematik der Berührungsspannung vereinfacht betrachtet ist.

Zum Beispiel in der Arbeit [20] wird ein Parallelführungsabschnitt der 110-kV- und 400-kV-Freileitungen mit dem Abstand von 30 Meter zwischen einander anhand des Simulationsprogrammes „EMTP-ATP" untersucht. Hier wird die Berührungsspannung vereinfacht betrachtet und zur induzierten Spannung gleichgesetzt. Jedoch wird die Person selbst mit dem Körperwiderstand nur zur Berechnung des Berührungsstromes (Körperstromes) über induzierte Spannung betrachtet. Laut [20] muss die Berührungsspannung bei der Instandsetzung der Leitungen im Parallelführungsabschnitt berücksichtigt werden, obwohl der Abstand zwischen den Leitungen 30 Meter beträgt. In der vorliegenden Arbeit ist ein solcher Abstand deutlich kleiner, da sich die Leitungen auf gemeinsamen Masten befinden. Die zu erwartende Beeinflussung wird größer und aus diesem Grund muss die Berührungsspannung exakter berechnet werden.

Ähnliche Untersuchung wurde in [67] durchgeführt. Hier werden die parallel geführte Leitungen des 110-kV-Netzes in einem Abstand von 40 Metern zwischeneinander betrachtet. Die Berechnungen werden im Programm „EMTP" durchgeführt. Die Berührungsspannung wird auch als induzierte Spannung angenommen, ohne Berücksichtigung der Person.

In anderen Forschungsarbeiten über die Problematik der Berührungsspannung liegt der Schwerpunkt auf der Erstellung von exakten Beeinflussungsmodellen der parallel geführten Leitungen.

In der [68] werden die induzierte Spannungen in parallel geführten Leitungen anhand von Gleichungen für elektromagnetische Dipole berechnet. Das ermöglicht, die induzierten Spannungen in großen verzweigten Netzen exakt zu berechnen. Hier wird die Berührungsspannung auch nicht gezielt berechnet, sondern als induzierte Spannung angenommen.

Eine weitere Richtung der Untersuchungen von Berührungsspannung ist die Bewertung der Berührungsspannung über die Wirkung des globalen Erdungssystems. Nach der Literatur [69] wurde die Berührungsspannung als Teil der Erdungsspannung verstanden, die über das Superpositionsprinzip berechnet wird. Hierbei werden die Risiken der Gefährdung durch Berechnungen aufgesetzt.

Die Literaturrecherche zeigt, dass keine allgemein gültige verbindliche Methodik zur Ermittlung der zu erwartenden Berührungsspannungen an den abgeschalteten Stromkreisen der

gebündelten Leitungen existiert. Dies macht die Entwicklung eines methodischen Verfahrens zur Bestimmung der zu erwartenden Berührungsspannungen für Mehrfachleitungen erforderlich.
Die in der vorliegenden Arbeit neu entwickelte Methodik zur Berechnung von Berührungsspannungen erlaubt die Berücksichtigung des Körperwiderstandes der Person, die sich z. B. bei der Instandsetzung der Leitung in Gefahr befinden kann.

Fazit zum Kapitel 2:

Für gebündelte Leitungen wird heutzutage in der Literatur die induzierte Spannung nach verschiedenen Verfahren berechnet und betrachtet. Die Frage nach der Bestimmung der Berührungsspannung in zusammengeführten Leitungen bleibt offen. Es fehlen einheitlichen Hinweise zur Berechnung der Berührungsspannung. Angesichts dessen wird in der Arbeit die Methodik zur mathematischen Modellierung der zu erwartenden Berührungsspannungen bei den gebündelten Leitungen vorgeschlagen.

3 Beeinflussungsmechanismus der gebündelten Leitungen

In der vorliegenden Arbeit wird eine Methodik zur Berücksichtigung von Wechselwirkungen der gebündelten Leitungen vorgestellt. Sie basiert auf dem Beeinflussungsmodell, das als eine Skizze in der Abbildung 3.1 dargestellt ist. Das Modell hat mehrere Input-Signale (Parameter) und Output-Signale. Die Eingangsparameter sind die Netz- und Leitungscharakteristiken der gebündelten Leitungen wie z. B. Leitungstechnologien, Leitungsparameter, Abstand zwischen den Leitern, Länge der gemeinsamen Strecke etc. (siehe Abb. 3.1). Eine detaillierte Beschreibung von Eingangsparametern ist im weiteren Verlauf der Kapitel 3 betrachtet[2]. Als Output-Signal des Beeinflussungsmodells der Wechselwirkungen kommt ein Ergebnis mit induzierten Strömen und Spannungen heraus.

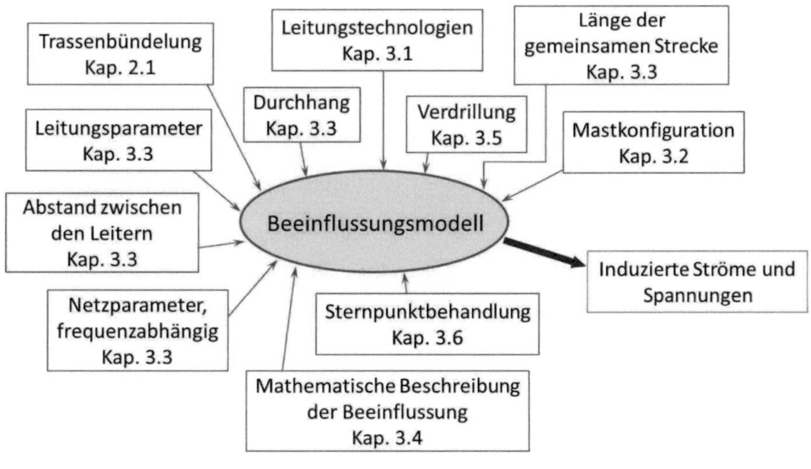

Abb. 3.1: Eine Skizze des Beeinflussungsmodells der gebündelten Leitungen

Die Größe der induzierten Spannung hängt hauptsächlich von der Größe des fließenden Stromes in dem beeinflussenden Leiter, dem Abstand zwischen den benachbarten Leitern und der Länge des zusammengeführten Abschnittes ab. Je mehr der in dem beeinflussenden Leiter fließende Strom ist, desto stärker ist das elektromagnetisches Feld um den Leiter und desto größer wird die induzierte Spannung im benachbarten Leiter. Je näher sich die Leiter zueinander befinden, desto größer wird die Wechselwirkung aufgrund des stärkeren elektromagnetischen Feldes. Und je länger die Strecke der gebündelten Leitungen, desto größer wird die Beeinflussung.

[2] Mit Ausnahme der Trassenbündelung, die im Kapitel 2.1 betrachtet ist

3.1 Leitungstechnologien

Für die effiziente Übertragung und Verteilung von elektrischer Energie stehen zwei verschiedene Leitungstechnologien zur Verfügung, die in Praxis angewendet werden:

- Freileitung
- Erdverlegte Leitung (hier: Kabel)

Diese Technologien unterscheiden sich in technischen Eigenschaften sehr stark voneinander. Es müssen wichtige Gesichtspunkte wie regulatorische Randbedingungen, technische Eigenschaften, Wirtschaftlichkeit und Umweltverträglichkeit berücksichtigt werden.
Bei der Übertragung großer Mengen elektrischer Energie spielt die Art der Übertragung eine wichtige Rolle. Dabei unterscheidet man Drehstrom oder Gleichstrom oder auch gemischte Technologien. Bei gemischten Technologien (auch Hybridleitung genannt) befinden sich Drehstrom- und Gleichstromleitung auf einem Mast.

<u>Drehstromübertragung</u>

Vorteile dieser Technologie sind die einfache Spannungstransformierbarkeit sowie das leichtere Abschalten auch großer Ströme aufgrund Nulldurchgangs.
Nachteilig ist die für die Übertragung notwendige Blindleistung. Bei sehr langen Leitungen kommt es zu Spannungsdifferenzen und Leistungswinkeländerungen. Dazu kommen die Leitungsverluste, Skin-Effekte und Korona-Verluste.

<u>Gleichstromübertragung</u>

Diese Technologie erlaubt vor allem eine hohe Übertragungsleistung mit wenigen Verlusten über große Entfernungen. Es treten keine kapazitiven Ladeströme, keine Stabilitätsprobleme bei hohen Leistungen sowie kein Skin-Effekt auf. Bei gleicher Spannung sind die Korona-Verluste geringer als bei Drehstromübertragung. Als Nachteile zu nennen sind die zusätzlichen Kosten für die Konverterstationen, Blindleistungsbedarf [70].
Die vorliegende Arbeit konzentriert sich auf die Untersuchung von mitgeführten Freileitungen und Kabeln in Drehstrom- und Gleichstromsystem. Als Standardleiterseilmaterial wurde Aluminium/Stahl (AL1/ST1A) angenommen. Die Erdseile (schützen die stromführende Leiterseile vor Blitzeinschlägen) bestehen aus Aluminium/Stahl. Die Lichtwellenleiter (LWL, Leiter zur Datenübertragung) sind in der Arbeit berücksichtigt und in zusätzlichen Erdseilen wie z. B. ALDREY-Erdseil-Luftkabel, integriert worden. Das Kabel besteht aus der Kupferleiter, der VPE-Isolierung (vernetzter Polyethylen) und einer Aluminium-Schirmung.

3.2 Mastkonfigurationen

Die Freileitungsmasten sind freistehende, abgestützte oder abgespannte Bauteile, die aus den Fundamenten, den Leiterseilen, den Erdseilen, den Isolatoren und Armaturen bestehen. Die Masten dienen zum Verbinden, Tragen und Abspannen der Leiterseile.
Die Masten sind aus Stahlbeton, Stahlrohr, Holz oder Konstruktionen aus Profilstahl ausgeführt. Meistens wird als Mastkonstruktion der Stahlgittermast verwendet.
In der Hoch- und Höchstspannungsebene sind aus Gründen der Versorgungszuverlässigkeit (n-1-Prinzip) und zur besseren Trassenausnutzung zwei oder mehr Stromsysteme üblich. Ein Beispiel dafür stellt ein Mast in Abbildung A.1 (Anhang A) dar. Hier werden zwei Systeme der 380-kV-Freileitungen und zwei Systeme der 110-kV-Freileitungen übertragen.
Je nach Anwendung kann die Konstruktion der Freileitungsmasten in drei Gruppen unterteilt werden:

1. Typische
2. Sonderkonstruktion und
3. Neuartige

Zur ersten Gruppe (typische Konstruktion) gehören nach der Bauform der Maste und der geometrischen Anordnung der Isolatoren am Mast verschiedene Mastkonfigurationen. Historisch entstanden sind die Bauarten:

- Tannenbaummast
- Tonnenmast
- Donaumast
- Einebenenmast

In Deutschland überwiegen der Donaumast und der Einebenenmast [71].
Je nach Funktion gibt es Tragmasten, Abspannmasten, Winkelmasten, Winkelabspannmasten, Verdrillungsmasten und Endmasten, wobei die letzten beiden Masttypen einen speziellen Anwendungsfall darstellen. Bei Verdrillungsmasten werden die Leiterseile zur Symmetrierung der Parameter in ihrer Anordnung vertauscht. Endmasten sind Masten, an denen die Freileitung in ein Umspannwerk führt oder in ein Kabel übergeht.
Zur zweite Gruppe (Sonderkonstruktion) gehören die speziell projektierten Masten je nach

Ziel, geografischer Lage oder für zusammengeführte Leitungen unterschiedlichen Spannungsniveaus, mehrsystemigen Leitungen oder Hybridleitungen. Für zusammengeführte Leitungen können als Grundlage typische Masten mit einigen Anpassungen je nach Anforderungen umgerüstet werden.
Zur dritte Gruppe (neuartige) zählen entwickelte neuartige Mastlösungen für die Zusammenführung der Übertragungsleitung mit der Oberleitung von Bahnen. Dabei entstehen unterschiedliche Ausgestaltungsmöglichkeiten hinsichtlich des Mastdesigns und der Mastanordnung unter Berücksichtigung der entsprechenden Platzverhältnisse.

3.3 Mathematische Beschreibung der Leitungsparameter

Zwischen zwei Leiterseilen des zusammengeführten Abschnittes existieren ohmsche, kapazitive und induktive Kopplungen. Die elektrische Parameter der Freileitungen kann man als ohmsche Koppelmatrix $\boldsymbol{R}$, Koppelinduktivitätsmatrix $\boldsymbol{L}$ und Koppelkapazitätsmatrix $\boldsymbol{C}$ unter Berücksichtigung der Mastgeometrie, der Eigenschaften und Phasenanordnung der Leitung darstellen [72]. Die Berechnung der RLC-Matrizen basiert auf dem Spiegelladungsverfahren [73] und einer Zusammenführung der Impedanzberechnung der Selbst- und Gegenimpedanzen von Leiterschleifen nach J. R. Carson [73] und F. Pollaczek [74]. Dazu werden:

1. die Erdoberfläche als Äquipotelzialfläche mit dem Potenzial Null nachgebildet,
2. sämtliche Leiter der Anordnung an der Erdoberfläche gespiegelt,
3. die Spiegelleiter mit einer Ladung gleicher Größe, aber entgegengesetzter Polarität versehen.

Die Abbildung 3.2 illustriert die Grundüberlegungen zur Ermittlung der durch die Mastgeometrie bedingten RLC-Parameter der Stromübertragungssysteme. Die Entfernungen d_{ik} und D_{ik} sind die Abstände zwischen den Leitern i und k bzw. den Leitern i und dem gespiegelten Leiter k'. Die Variablen h_i und h_k werden als mittlere Höhe der Leiter über dem Erdboden angegeben (siehe Abbildung 3.2).
Für die Berechnung der Koppelkapazitätsmatrix $\boldsymbol{C}$ ist zunächst die Potenzialkoeffizientenmatrix $\boldsymbol{P}$ erforderlich. Neben den Einträgen R_{ik}, L_{ik} und C_{ik} der unterschiedlicher Leiter bestehen die RLC-Matrizen auf der Hauptdiagonale aus der Selbstresistanz R_{ii}, der Selbstinduktivität L_{ii} und der Selbstkapazität C_{ii}.

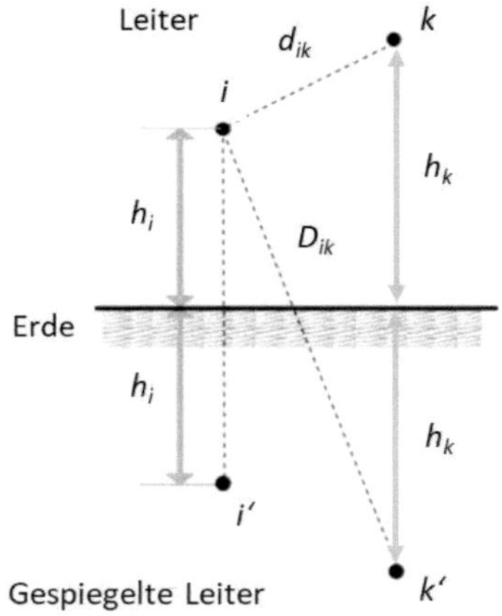

Abb. 3.2: Spiegelladungsverfahren für die Ermittlung von *RLC*-Parameter, in Anlehnung an [73]

Die Werte R_{ii}, L_{ii} und P_{ii} werden nach den folgenden Gleichungen 3.1 bis 3.3 berechnet.

$$R_{ii} = R_{int} + \Delta R_{ii} \tag{3.1}$$

$$L_{ii} = L_{int} + \frac{\mu_0}{2\,\pi} \cdot \ln\left(\frac{2\,h_i}{r_i}\right) + \Delta\, L_{ii} \tag{3.2}$$

$$P_{ii} = \frac{1}{2\,\pi\,\varepsilon_0} \cdot \ln\left(\frac{2\,h_i}{r_i}\right) \tag{3.3}$$

mit:

R_{int} – eigener (interner) Widerstand des Leiters i,

L_{int} – eigene (interne) Induktivität des Leiters i.

Mit den Abständen d_{ik} und D_{ik} können die Gegenresistanz R_{ik}, die Gegeninduktivität L_{ik} und der Gegenpotenzialkoeffizient P_{ik} mit den Gleichungen 3.4 bis 3.6 berechnet werden.

$$R_{ik} = \Delta\, R_{ik} \tag{3.4}$$

$$L_{ik} = \frac{\mu_0}{2\,\pi} \cdot \ln\left(\frac{D_{ik}}{d_{ik}}\right) + \Delta\, L_{ik} \tag{3.5}$$

$$P_{ik} = \frac{1}{2\,\pi\,\varepsilon_0} \cdot \ln\left(\frac{D_{ik}}{d_{ik}}\right) \tag{3.6}$$

Die in Gleichungen 3.1 – 3.6 verwendeten Variablen ΔR_{ii}, ΔR_{ik}, ΔL_{ii} und ΔL_{ik} sind die erdwiderstandsbedingten Carson'schen Korrekturglieder [73], μ_0 und ε_0 sind die Permeabilität (magnetische Leitfähigkeit) und die Permittivität (dielektrische Leitfähigkeit) des freien Raumes [75]. Die Selbstinduktivität L_{ii} in Gl. 3.2 wird durch die modifizierte Bessel-Funktion aus dem Radius des Leiters r_i, dem T/D-Verhältnis, dem spezifischen Widerstand und der relativen Permeabilität berechnet. Das T/D-Verhältnis (thickness of conducting material to outside diameter [75]) gibt das Verhältnis zwischen Leiterdurchmesser und der Dicke des leitenden Materials an [73].
Durch Inversion der Potenzialkoeffizientenmatrix $\boldsymbol{P}$ erhält man die Koppelkapazitätsmatrix $\boldsymbol{C}$.

$$\boldsymbol{C} = \boldsymbol{P}^{-1} \tag{3.7}$$

Die kapazitive und induktive Kopplung lässt sich durch die längenbezogenen Koppelkapazitätsbeläge C_{ik} und die längenbezogenen Koppelimpedanzbeläge Z_{ik} ausdrücken, wobei C_{ik} die Einträge aus der Koppelkapazitätsmatrix $\boldsymbol{C}$ repräsentiert.
Z_{ik} wird aus Einträgen der ohmschen Matrix $\boldsymbol{R}$ und der Koppelkapazittätsmatrix $\boldsymbol{L}$ nach Gleichung 3.8 berechnet [55].

$$\underline{Z}_{ik} = R_{ik} + \mathrm{j}\omega\, L_{ik} \tag{3.8}$$

3.4 Beeinflussungsmechanismus der gebündelten Leitungen

Die Beeinflussung der gebündelten Leitungen charakterisiert sich durch zwei wesentliche Mechanismen: die kapazitive Beeinflussung durch das elektrische Feld der Leiter-Leiter- und Leiter-Erde-Spannungen und die induktive Beeinflussung durch das magnetische Feld der Leiterströme. Ebenfalls wird die Beeinflussung nach der Frequenz unterschieden: Wechselstrom- und Gleichstrombeeinflussung.

Die Abbildung 3.3 a) zeigt die schematische Darstellung des Einflusses der mitgeführten Leitung auf einen einzelnen Leiter. Für ein Leitungselement können mithilfe des Ersatzschaltbildes einer Leitung die längenbezogene Quellenspannung und der längenbezogene Quellenstrom nachgebildet werden [34]. In das Ersatzschaltbild (Abbildung 3.3 b)) der elektrischen Leitung sind eine Ersatzstromquelle $\underline{I}_{\mathrm{BQ}}$ (kapazitive Beeinflussung) und eine Ersatzspannungsquelle $\underline{U}_{\mathrm{BQ}}$ (induktive Beeinflussung) eingeführt.

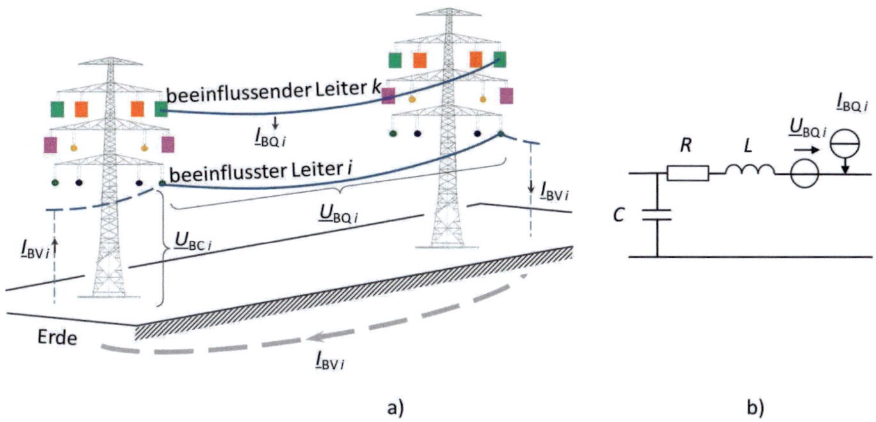

Abb. 3.3: *a*) Darstellung des Einflusses bei der gebündelten Leitung und *b*) Ersatzschaltbild für den kapazitiv und induktiv beeinflussten Leitungsabschnitt. Strom $\underline{I}_{\mathrm{BV}_i}$ und Spannung $\underline{U}_{\mathrm{BC}_i}$ entstehen bei bestimmten Bedingungen (siehe Gleichungen 3.11, 3.12)

Der Strom $\underline{I}_{\mathrm{BQ}}$ in der Abbildung 3.3 ist das Ergebnis der kapazitiven Kopplung zwischen dem betrachteten Leiter i und allen anderen n-Übertragungsleitungen:

$$\underline{I}_{\mathrm{BQ}_i} = \sum_{k=1;k\neq i}^{n} \mathrm{j}\omega\, C_{ik}\, \underline{U}_k \tag{3.9}$$

mit:

C_{ik} – die Kapazität zwischen der Leitern i und k,

$\underline{U}_k$ – die Leiter-Erde-Spannung der Leiter k,

j – komplexer Operator,

ω – die Kreisfrequenz.

Die Spannung $\underline{U}_{\mathrm{BQ}}$ in der Abbildung 3.3 ist das Ergebnis der ohmschen-induktiven Kopplung zwischen dem betrachteten Leiter i und anderen Leitungen:

$$\underline{U}_{\mathrm{BQ}_i} = \sum_{k=1;\ k\neq i}^{n} \underline{Z}_{ik}\, \underline{I}_k \tag{3.10}$$

Hierbei ist $\underline{Z}_{ik}$ – die Impedanz zwischen zwei Leitern i und k, $\underline{I}_k$ – der Strom des Leiters k.

Die weitere wichtige Kenngröße der Beeinflussung ist der prospektive induzierte Strom in einem Leiter i, welcher nach Gleichung 3.11 berechnet wird.

$$\underline{I}_{\mathrm{BV}_i} = \frac{\underline{U}_{\mathrm{BQ}_i}}{\underline{Z}_{ii}} \tag{3.11}$$

Der prospektive induzierte Strom $\underline{I}_{\mathrm{BV}_i}$ (siehe Abbildung 3.3 a) fließt beispielsweise dann, wenn der Leiter beidseitig geerdet ist (z. B. Wartung der Leitung). Im normalen Betriebszustand der Übertragungsleitung ist der durch die Spannung $\underline{U}_{\mathrm{BQ}}$ verursachte Strom im Leiter durch die Netz- und Lastimpedanzen begrenzt [21].
Die Leiter-Erde-Spannung $\underline{U}_{\mathrm{BC}_i}$ an den Netzknoten, die durch eine kapazitive Kopplung mit anderen Leitungen verursacht wird, kann wie folgt berechnet werden:

$$[\underline{U}_{\mathrm{BC}}] = \left(-\frac{1}{\mathrm{j}\omega}\right) \cdot [C]^{-1} \cdot [\underline{I}_{\mathrm{BQ}}] \tag{3.12}$$

Die eckigen Klammern kennzeichnen die Matrix- und Vektorgrößen.
Es ist zu beachten, dass bei einer axialsymmetrischen Positionierung von verschiedenen Drehstromleitungen auf gemeinsamen Masten die kapazitiv beeinflusste Spannung $\underline{U}_{\mathrm{BC}_i}$ hauptsächlich für die Sternpunkt-Erde-Spannung oder Verlagerungsspannung in kompensierten Netzen verantwortlich ist [21]. Bei mehreren paralell geführte Leitungen ist die Beeinflussung durch benachbarte Leitungen nicht symmetrisch und die Änderungen der Verlagerungsspannung im Netz sind stark von den induzierten Spannungen $\underline{U}_{\mathrm{BQ}}$ abhängig. Im Kapitel 3.7 wird ausführlicher über die Beeinflussung der Verlagerungsspannung in kompensierten Netzen diskutiert.
Der Beeinflussungsmechanismus durch Drehstromkabel bleibt wegen ihrer symmetrischen Bauart beschränkt.

Ein weiterer Beeinflussungsmechanismus, der bei der Stromübertragung über die HGÜ-Leitung berücksichtigt werden soll, ist die Injektion der durch die Raumentladungen verursachten Koronaströme der HGÜ- Leitung. In [14], [47] wurde darauf hingewiesen, dass die injizierten Koronaströme einen störenden Einfluss auf die Geräte mit magnetischen Kernen wie bspw. Transformatoren in den Drehstromnetzen haben können.
Der störende Einfluss der Gleichstromkomponente auf den Transformatorbetrieb ist aus der Projektierungspraxis der HGÜ-Anlagen bekannt [76, 77]. Durch das Vorhandensein der großen Gleichstromkomponente kann ein Transformator in die Sättigung gebracht werden.

Ein solcher Vorgang wird durch eine Reihe von unerwünschten Folgen begleitet: höhere Ummagnetisierungsverluste, Anstieg der Geräuschemission, Anstieg der mechanischen Dauerbelastbarkeit etc. [36].

Laut [49, 50] kann nur ein Teil der erzeugten DC-Koronaströme in den AC-Leiter durchdringen. Das sind die Koronaströme, die in einem räumlich begrenzten Bereich fließen. Der zu erwartende injizierte DC-Koronastrom ist immer kleiner als der gesamte Koronastrom eines DC-Leiters [49, 50].

Der Effekt der Koronentladungen wurde auf der Basis der Berechnung von gebündelten HGÜ-Leitungen und Bahnoberleitungen bewertet. Wie in Kapitel 5.7.3 gezeigt ist, ist der zu erwartende injizierte DC-Koronastrom klein. Aus diesem Grund wird in der vorliegenden Arbeit die Beeinflussung der Koronaentladungen vernachlässigt.

3.5 Verdrillung der Leitung

Unter einer Verdrillung wird eine Maßnahme verstanden, bei der die Unsymmetrie der Leitungsparameter einzelner Leiter und die Beeinflussung untereinander vermieden oder verringert werden. Dazu werden die Leiterpositionen in regelmäßigen Abständen an Verdrillungsmasten einer Freileitung vertauscht. Die Leitung wird in diesem Falle „verdrillt". Durch den Positionstausch werden die Leiterabstände gemittelt, wodurch die Kopplung von einzelnen Leitern untereinander abgeschwächt, jedoch nicht vollständig eliminiert wird [78]. Die Abbildung 3.4 zeigt ein Verdrillungsschema, die sogenannte α_2-Verdrillung [78] für die Einfachleitung. Hierbei wird die Leitung durch eine Aufteilung in vier Abschnitte mit dem Längenverhältnis 1/6, 1/3, 1/3, 1/6 realisiert.

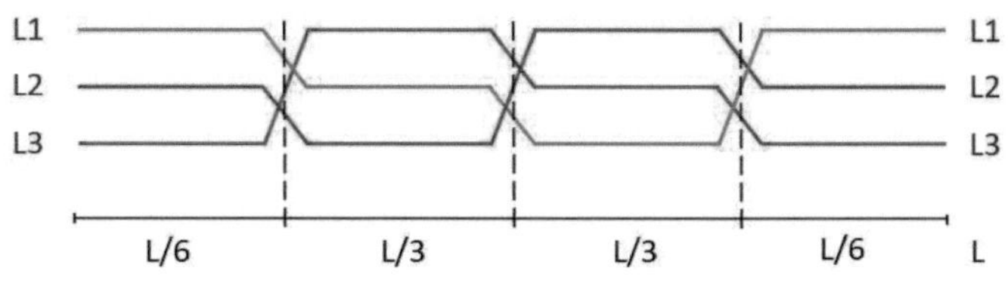

Abb. 3.4: α_2-Verdrillung der Freileitung in dem Leitungsabschnitt der Länge L, in Anlehnung an [78]

Bei der dargestellten Verdrillungsart sind drei Verdrillungsmasten notwendig. Hier wird eine komplette oder symmetrische Verdrillung ausgeführt, da nach einem Umlauf wieder die gleiche Phasenfolge am Mast vorliegt. Es gibt unterschiedliche Verdrillungsarten, bei denen

z. B. nur zwei Verdrillungsstellen angewendet werden oder bei Doppelleitungen der Umlaufsinn entgegengesetzt zueinander ist [78].

Bei Leitungslängen bis 200 Kilometer [78] genügt meistens eine Verdrillung, damit die Symmetrie hergestellt wird.

Neben diesen Vorteil hat die Verdrillung auch einige Nachteile. Zum einen ist diese Maßnahme teuer, zum anderen ändern sich die induzierten Ströme und Spannungen im Leitungsverlauf. In Abhängigkeit von der Position der Leiter ändern sich der Betrag und der Winkel der induzierten Ströme im beeinflussten Leiter. Dies hat zur Folge, dass in den einzelnen Teilabschnitten die induzierten Ströme unterschiedliche Beträge und Winkel haben. Durch den Leiterpositionswechsel entsteht die Überlagerung (Superposition) der magnetischen Felder von benachbarten Leiterabschnitten. Durch diese Überlagerungen ändert sich die induktive Beeinflussung sehr stark und der induzierte Strom wird dadurch in diesem Punkt deutlich größer. Damit sind das elektromagnetische Feld und die induzierte Spannung an Verdrillungsmasten am stärksten.

Durch die Verdrillung werden die Leiter-Leiter- und Leiter-Erde-Kapazitäten und somit auch das elektrische Feld beeinflusst. Nach [79] ist der Beitrag des elektrischen Feldes deutlich geringer als der Beitrag der elektromagnetischen Beeinflussung.

Wegen solcher sprunghaften Änderungen werden die Spitzen der induzierten Ströme und Spannungen im Bereich um einen Verdrillungsmast entstehen.

In [67] wurde gezeigt, dass die Verdrillung der beeinflussenden Leiter den Wert der induzierten Spannung in der naheliegenden, ausgeschalteten und geerdeten 110-kV-Leitung erhöht. In [80, 81] und in der Arbeit des Autors [40] wurde am Beispiel der Hybridleitung ebenso die Wirkung der Verdrillung der beeinflussenden Leitungen bestätigt. Die erhöhten Werte der induzierten Spannung entstehen an den Verdrillungsmasten oder an den Stellen, wo die beeinflussende Leitung ihre geometrische Lage (sowie zwischen Leitern als auch zwischen Leiter und Erde) ändert.

Der gleiche Effekt wurde in [82] an einem Beispiel des Mast- und Erdseilstromes bei mehreren parallel verlaufenden Drehstromsystemen gezeigt. Die Position der Leiter am Mast kann die Ströme erheblich beeinflussen. Durch die Änderung des Betrages und Winkels der induzierten Ströme entstehen die Spitzen der Mastströme.

Durch die höheren Strömen an den Verdrillungsmasten und deren Umgebung können auch Probleme durch ohmsche Beeinflussungen entstehen, z. B. höhere Berührungsspannungen, Potenzialverschleppungen und Rohrleitungsbeeinflussungen [82].

3.6 Sternpunkterdung von elektrischen Netzen in Deutschland

Nach der VDEW-Störungsstatistik [83] sind einpolige Kurzschlüsse bzw. allgemein Fehler gegen Erde mit über 80 Prozent die häufigsten Fehler in elektrischen Netzen mit Netznennspannungen ab 110 kV, in Mittelspannungsnetzen sind 25 Prozent aller Fehler einpolige Fehler. Mit zunehmender Übertragungsnennspannung nimmt die Anzahl der Störungen etwa quadratisch ab.

Die über Erde fließenden Teilkurzschlussströme belasten die Erdungsanlagen thermisch und führen u. U. zu gefährlichen Berührungs- und Schrittspannungen sowie zu einer Beeinflussung von anderen im Erdreich verlegten Leitungen.

Diese einpoligen Fehler sind abhängig von der Art der Sternpunkterdung (SPE). Es gibt folgende Arten der Sternpunkterdung [84]:

- Netz mit isoliertem Sternpunkt (OSPE)
- Netz mit Erdschlusskompensation (RESPE)
- Netz mit niederohmiger Sternpunkterdung (NOSPE), auch starre SPE
- Netz mit vorübergehender Sternpunkt- oder Leitererdung (KNOSPE)

In Deutschland werden die Netze überwiegend mit

- RESPE in Netzen 10 – 110 kV,
- NOSPE in Netzen 220 – 380 kV,
- starrer SPE in 0,4 – 20 kV,
- OSPE aufgrund der Eigenschaften nur in sehr kleinen Netzen,
- KNOSPE, als Kombination aus RESPE und NOSPE vorwiegend in 10 – 20 kV

angewendet [85].

In einem Normalbetrieb eines elektrischen Netzes hat die Art der Sternpunktbehandlung keinen Einfluss. Im Gegensatz dazu ist im Falle eines Erdfehlers die Behandlung des Netzsternpunktes von entscheidender Bedeutung.

Die drei wichtigen **Ziele** der Sternpunktbehandlung sind [83]:

Stromkriterien – kleine Fehlerströme an der Fehlerstelle, damit niedrige Berührungs- und Schrittspannungen an der Fehlerstelle, selbsttätiges Verlöschen des Lichtbogens in Luft, geringe Auswirkungen des Lichtbogens, geringe Beeinflussung benachbarter Leitungsnetze.

Spannungskriterien – geringe Spannungserhöhung der fehlerfreien Leiter, Vermeidung von

Folgefehlern, von Überspannungen als Folge von Zünden und Löschen von Lichtbogen und bei Schalthandlungen, von Verlagerungsspannungen im normalen Betriebszustand, von Ferroresonanzen nach Fehlerbeseitigung.

Betriebskriterien – unterbrechungsfreie Versorgung der Abnehmer, Wirtschaftlichkeit auch bei zukünftigem Netzausbau, automatische und selektive Fehlererfassung und -beseitigung, Verträglichkeit mit industriellen Prozessen.

In den folgenden Kapiteln werden die im Energiesystem üblichen Arten der Sternpunktbehandlung erläutert und nach ihren Merkmalen beurteilt.

3.6.1 Netz mit isoliertem Sternpunkt (OSPE)

OSPE – Ohne Sternpunkterdung

Bei Netzen mit isoliertem oder freiem Sternpunkt werden die Sternpunkte von Transformatoren und Generatoren nicht betriebsmäßig mit der Erde verbunden.

OSPE-Netze werden hauptsächlich im Mittelspannungsbereich mit Nennspannungen von 10 kV bis 60 kV betrieben. Hierbei handelt es sich überwiegend um Netze kleiner Ausdehnung (z. B. Kraftwerk-Eigenbedarfsanlagen, Industriebetriebe).

Im Netz mit isoliertem Sternpunkt fließt bei Erdfehlern ein kapazitiver Erdschlussstrom I_{CE}, welcher durch die Leiter-Erde-Kapazitäten bestimmt wird. Lichtbogenfehler im Freileitungsnetz verlöschen bis zu einem bestimmten Wert von selbst. Die Löschgrenze I_{CE} beträgt für 60-kV-Netze etwa 60 A und für 10-kV- und 20-kV-Netze etwa 35 A [86].

Bei Dauererdschluss nimmt die zeitweilige betriebsfrequente Spannungserhöhung in den beiden gesunden Leitern das $\sqrt{3}$-Fache der normalen Leiter-Erde-Spannung an. Der Erdfehlerfaktor δ, der die Wirksamkeit der Erdung charakterisiert, beträgt $\sqrt{3}$. Das führt zu einer stärkeren Isolationsbeanspruchung. Das Netz kann, bis der Erdschluss beseitigt ist, weiterbetrieben werden. Der Netzbetreiber hat die Möglichkeit gezielter Netzumschaltungen [87].

3.6.2 Netz mit Erdschlusskompensation (RESPE)

RESPE – Resonanzsternpunkterdung, auch als gelöschtes oder kompensiertes Netz bezeichnet

Unter einem RESPE-Netz wird ein Netz verstanden, in dem mindestens ein Sternpunkt eines Transformators oder eines Sterpunktbildners über eine Erdschlusslöschspule (E-Spule, Petersen-Spule) geerdet ist. Dabei wird im Fehlerfall eine Überlagerung der kapazitiven Komponente des Fehlerstromes mit dem des induktiven Stromes der Erdschlusslöschspule erreicht. An der Erdschlussstelle können sich daher beide Komponenten bezüglich ihrer Blindstromanteile bei 50 Hz weitestgehend kompensieren, dadurch wird der resultierende Fehlerstrom an der Fehlerstelle sehr klein.

In RESPE-Netz werden die Erdschlüsse bei ordnungsgemäßer Kompensation nach kurzer Zeit beim Stromnulldurchgang automatisch gelöscht. Dabei entsteht eine geringere Betriebszuverlässigkeit im Vergleich zum isolierten Netz.

Die Löschgrenze des Fehlerstroms für gelöschte 110-kV-Netze beträgt 132 A [86].

Laut VDEW-Störungsstatistik in [83] werden Mittelspannungnetze mit Netznennspannungen von 10 kV bis 30 kV zu über 87 Prozent, im 110-kV-Bereich über 80 Prozent mit Erdschlusskompensation betrieben. Die Erdschlusskompensation ist damit die dominierende Art der Sternpunktbehandlung in Mittelspannungsnetzen und 110-kV-Netzen.

In Kapitel 3.7 wird näher auf die Besonderheiten der Erdschlusskompensation eingegangen.

3.6.3 Netz mit niederohmiger Sternpunkterdung (NOSPE)

NOSPE - Niederohmige Sternpunkterdung (ein gesonderter Fall ist starre SPE).

Ein Netz, in dem mindestens ein Sternpunkt eines Transformators, eines Sternpunktbildners oder eines Generators direkt oder über einen Widerstand oder eine Reaktanz geerdet ist. Die Impedanz einer niederohmigen Sternpunkterdung ist so zu wählen, dass die vorhandenen Netzschutzeinrichtungen arbeiten.

NOSPE wird in Netzen mit Nennspannungen ab 220 kV mit nahezu 100 Prozent (Bezugsgröße Stromkreislänge) eingesetzt [83]. Für solche Netze werden unter Umständen nicht alle Transformatorsternpunkte geerdet. Es wird angesterebt, dass der Erdfehlerfaktor $\delta \leq 1,4$ bleibt. Die Erdkurzschlussströme sollen dabei bestimmte Grenzwerte nicht überschreiten. Erdkurzschlussströme bis zu 50 kA gelten als beherrschbar [83]. Die Leiter-Erdespannung der beiden nicht vom Fehler betroffenen Leiter nimmt maximal den 1,4-fachen Wert der Außenleiter-Erdspannungen an.

In NOSPE-Netz wird jeder einpoligen Fehler mit Erdberührung ein Kurzschluss und der Kurzschlussstrom wird durch die Kurzschlussimpedanz bestimmt.

Die niederohmige Sternpunkterdung wird in Mittelspannungs- und 110-kV-Netzen mit hohem Kabelanteil (insbesondere städtische Netze) angewendet. In städtischen 110-kV-Kabelnetzen werden die Erdkurzschlussströme auf 5 kA begrenzt, während in 110-kV-Überlandnetzen die Stromgrenze 10 kA beträgt [87]. Die Höhe des Erdfehlerfaktors ist dann $\delta > 1,4$.

Bei der Beschaltung einer Impedanz in einem oder mehreren Sternpunkten zur Begrenzung des Erdkurzschlussstromes spricht man von **strombegrenzender niederohmiger** Sternpunkterdung oder **Impedanzanregung**. Die Begrenzung des Erdfehlerfaktors wird hiermit nicht vordergründig angestrebt.

Wenn ein oder mehrere Sternpunkte der Transformatoren unmittelbar mit der Erdungsanlage verbunden sind, heißt diese Art der Sternpunkterdung **direkte** oder **starre** Sternpunkterdung. Es wird insbesondere die Verringerung der zeitweiligen Überspannungen, d. h. die Verringerung des Erdfehlerfaktors δ, angestrebt.

Alle 380–220-kV-Netze in Deutschland werden aufgrund der großen Ausdehnung starr geerdet.

3.6.4 Netz mit kurzzeitiger niederohmiger Sternpunkterdung (KNOSPE)

KNOSPE - Kurzzeitige niederomige Sternpunkterdung

Unter dieser Art der Sternpunktbehandlung wird ein Netz verstanden, welches bei einem nicht von selbst verrlöschenden Erdschluss wenige Sekunden nach Erdschlussbeginn kurzzeitig direkt oder über eine niederohmige Impedanz geerdet wird.

Die KNOSPE ist eine Kombination einer erdschlusskompensierten und niederohmigen Sternpunkterdung.

Bei jedem Erdfehler wird der kapazitive Erdschlussstrom durch den induktiven Strom der E-Spule kompensiert. Wenn diese selbsttätige Fehlerstromlöschung nicht gelingt, wird nach einigen 100 Millisekunden bis zu wenigen Sekunden die E-Spule durch einen Widerstand überbrückt. Dabei wird der Erdschlussstrom vom Wert des Reststromes auf einige 100 A bis zu ca. 2 kA erhöht.

3.7 Besonderheiten des Netzes mit Erdschlusskompensation

Die Erdschlusskompensation an sich ist eine wirkungsvolle Methode zur Gewährleistung der Versorgungssicherheit mit elektrischen Energie. Die Resonanzsternpunkterdung wird auf Dreiphasensysteme und in abgewandelter Form auf Zweiphasennetze, wie sie bei Bahnstromnetzen vorkommen, beschränkt [88].

3.7.1 Prinzip der induktive Kompensation

Die Kompensation der kapazitiven Komponente des Stromes an der Fehlerstelle wird in gelöschten Netzen durch den Einsatz von Erdschlusslöschspule realisiert (siehe Kapitel 3.6.2).

Die E-Spule wird an den Sternpunkt des Transformators geschaltet, damit ergibt sich eine Parallelschaltung der dreifachen Erdkapazität des Netzes mit der Induktivität der Spule. Bei idealer Abstimmung liegt ein Parallelresonanzfall vor, bei dem sich der induktive Strom und der kapiazitive Strom an der Erdschlussstelle aufheben.

Die Abbildung 3.5 zeigt schematisch ein Beispiel der Erdschlussstromkompensation. Hierbei sind:

X_{M} – Reaktanz der Spule, die an den Sternpunkt des Transformators geschaltet ist,

I_{ME} – Strom der E-Spule,

$\underline{U}_{\mathrm{NT}}$, $\underline{U}_{\mathrm{NS}}$, $\underline{U}_{\mathrm{NR}}$ – drei symmetrische Spannungensquellen des Netzes,

$\underline{U}_{\mathrm{ME}}$ – Sternpunkt-Erde-Spannung (Verlagerungsspannung),

C_{E} – Leiter-Erde-Kapazitäten und

$\underline{I}_{\mathrm{F}}$ – Erdfehlerstrom.

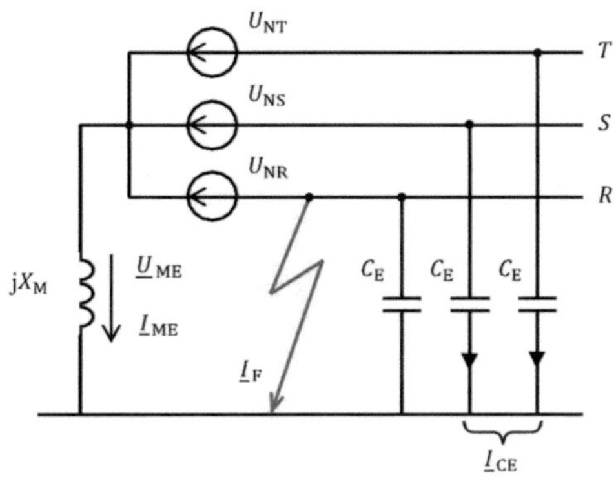

Abb. 3.5: Erdschluss in einem gelöschten Netz, in Anlehnung an [87]

Die E-Spule hat im Falle eines Erdschlusses keinen Einfluss auf die kapazitiven Ströme $\underline{I}_{\mathrm{CE}}$ der beiden gesunden Leiter. Die Leiter-Erde-Spannungen der fehlerfreien Leiter erhöhen sich um den Wert $\sqrt{3}$.

Trotz Anwendung der E-Spule ist der Fehlerstrom an der Fehlerstelle nicht gleich 0. Das hängt damit zusammen, dass die Leitung selbst ohmsche Querableitwiderstände (Wirkverluste) besitzt und die E-Spule keine reine Induktivität darstellt. Somit verbleibt ein ohmscher Reststrom I_{R}, der Erdschlussreststrom genannt wird. Der Erdfehlerstrom $\underline{I}_{\mathrm{F}}$ wird bei idealer Kompensation auf den Wert des Erdschlussreststromes (Wirkreststrom) $\underline{I}_{\mathrm{R}}$ reduziert:

$$\underline{I}_{\mathrm{F}} = \underline{I}_{\mathrm{R}} = -\underline{I}_{\mathrm{CE}} - \underline{I}_{\mathrm{ME}} \tag{3.13}$$

In der Norm [86] sind durch die umfangreiche Versuche die statisch ermittelten Kurven für den maximalen Reststrom über die Fehlerstelle abhängig von der Sternpunktbehandlung und von der Nennspannung des Netzes angegeben. Wenn der Strom über die Fehlerstelle kleiner als dieser maximale Strom ist, verlöscht normalerweise der Lichtbogen an der Fehlerstelle mit sehr großer Wahrscheinlichkeit selbstständig und ohne Intervention durch den Schutz oder eine durch das Betriebspersonal veranlasste Schalthandlung [84].
Für gelöschte 110-kV-Netze beträgt die Löschgrenze des Erdschlussreststromes $I_{\text{Rmax}} = 132\text{A}$ [86]. Für die Mittelspannungsnetze wird der Reststrom auf 60 A begrenzt. Die Abbildung 3.6 stellt das Zeigerbild von Strömen und Spannungen im Netz mit induktiver Kompensation im Erdschlussfall dar. $\underline{U}_{\text{FT}}$, $\underline{U}_{\text{FS}}$ in der Abbildung 3.6 sind die Leiter-Erde-Spannungen der Phasen T und S im Fall des Erdschlusses in der Phase R.

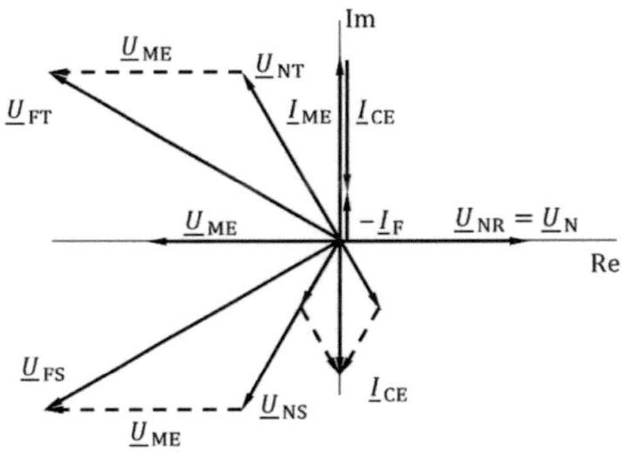

Abb. 3.6: Zeigerdiagramm der Ströme und Spannungen im Erdschlussfall im kompensierten Netz, in Anlehnung an [87]

Die Kompensationsstärke der Petersen-Spule wird durch die Verstimmung ν bestimmt und kann in Abhängigkeit von der Induktivität der Spule L_{M} und der Leiter-Erde-Kapazität C_{E} gewählt werden:

$$\nu = 1 - \frac{I_{\text{ME}}}{I_{\text{CE}}} = 1 - \frac{1}{\omega^2 C_{\text{E}} 3 L_{\text{M}}} \tag{3.14}$$

Im Idealfall ist $\nu = 0$. Das bedeutet die ideale Kompensation der kapazitiven Ströme oder Resonanz und es gilt:

$$I_{\text{ME}} = I_{\text{CE}}, \; I_{\text{R}} = 0 \tag{3.15}$$

Im Fall $\nu < 0$ ist das Netz überkompensiert:

$$I_{\mathrm{ME}} > I_{\mathrm{CE}},\ I_{\mathrm{R}} > 0 \text{ (induktiv)} \tag{3.16}$$

Im Fall $\nu > 0$ ist das Netz unterkompensiert:

$$I_{\mathrm{ME}} < I_{\mathrm{CE}},\ I_{\mathrm{R}} > 0 \text{ (kapazitiv)} \tag{3.17}$$

In Netzen ab 110-kV-Nennspannung sind die durch die Korona- und Ableitungsverluste verursachten Leitwerte der Leitungen nicht vernachlässigbar [87]. Aus diesem Grund kann der Reststrom an der Fehlerstelle wie folgt berechnet werden:

$$I_{\mathrm{R}} = \sqrt{I_{\mathrm{Rw}}^2 + I_{\mathrm{Rb}}^2} = I_{\mathrm{CE}}\sqrt{d^2 + v^2} \tag{3.18}$$

mit:

$I_{\mathrm{Rw}} = dI_{\mathrm{CE}}$ – Wirkreststrom (Wattreststrom),

$I_{\mathrm{Rb}} = -\nu I_{\mathrm{CE}}$ – Blindreststrom,

d – Dämpfung, wird als Verlustfaktor bezeichnet.

Unter d wird das Verhältnis der Querableitverluste der Leitung und der Petersen-Spule zum kapazitiven Erdschlussstrom I_{CE} verstanden. Die Dämpfung d ist ein Maß für die Höhe des Wirkreststromes im Falle des Erdschlusses. Da die Leitwerte der Freileitungen stark vom Wetter abhängig sind, lässt sich die Dämpfung nur näherungsweise angeben. Nach [87] kann man bei schönen Wetter mit $d = 0{,}04$ bzw. $d = 4$ % rechnen.

In der Abbildung 3.7 ist die V-Kurve für den Reststrom in Abhängigkeit von der Verstimmung ν unter normalen Betriebsbedingungen dargestellt. Die V-Kurve macht deutlich, dass der Reststrom nicht Null ist. Bei voller Kompensation $\nu = 0$ ist der Reststrom gleich dem Wirkreststrom I_{Rw}.

Mit der Ausdehnung des Netzes und der Erhöhung der Netznennspannung wächst der Wirkreststrom, der die Anwendung der Resonanzsternpunkterdung auf die Netze mit der Nennspannungen bis 110 kV beschränkt.

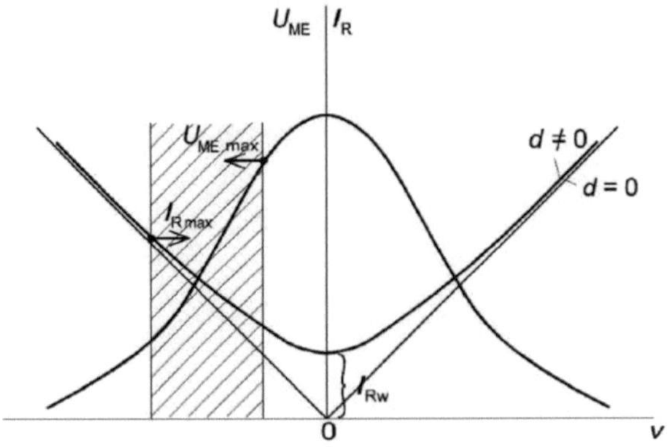

Abb. 3.7: Verlagerungsspannung und Reststrom im Netz mit induktiver Kompensation in der Abhängigkeit von der Verstimmung, in Anlehnung an [87]

3.7.2 Verlagerungsspannung im Netz beim Normalbetrieb

Die Verlagerungsspannung charakterisiert indirekt ein Maß der Unsymmetrie der Leiter-Erde Impedanzen und der Leiter-Erde-Spannungen im Netz. Im normalen Netzzustand sind diese Unsymmetrie und die Verlagerungsspannung gering und betragen nur einige Prozent der Leiter-Erde-Spannung. Die Sternpunkt-Erde-Spannung $\underline{U}_{\mathrm{ME}}$ ist gleich der Nullkomponente $\underline{U}_0$ und wird als Verlagerungsspannung bezeichnet.

Bei einem satten Erdschluss wird die Verlagerungsspannung den vollen Betrag der Leiter-Erde-Spannung erreichen. Der Wert der Leiter-Erde-Spannungen der beiden erdschlussfreien Leitungen erhöht sich bis auf den Wert der Leiter-Leiter-Spannungen. Die Leiter-Leiter-Spannungen bleiben dabei unverändert.

Das Verhältnis der Sternpunkt-Erde-Spannung U_{ME} zu der Leiter-Erde-Bemessungsspannung U_{N} kann wie folgt dargestellt werden:

$$\frac{U_{\mathrm{ME}}}{U_{\mathrm{N}}} = \frac{k}{\sqrt{d^2 + \nu^2}} \tag{3.19}$$

Dabei ist k der Unsymmetriefaktor, welcher von den Leitwerten und Kapazitäten (Leitung-Erde-Admittanzen) für jeden Leiter abhängt.

Die Glockenkurve in der Abbildung 3.7 zeigt die Verlagerungsspannung unter normalen Betriebsbedingungen in Abhängigkeit von der Verstimmung. In dem Fall mit $\nu = 0$ ist die Verlagerungsspannung maximal:

$$U_{\mathrm{MEmax}} = \frac{k\, U_{\mathrm{N}}}{d} \tag{3.20}$$

Aus der Abbildung 3.7 ist ersichtlich, dass die Reduzierung des Reststromes durch die Änderung der Spuleninduktivitäten den Anstieg der Verlagerungsspannung bewirkt. Um die Verlagerungsspannung im Normalbetrieb zu halten, wird das Netz geringfügig ($\nu = -(5 \ldots 10)\%$ im 110-kV-Netz) verstimmt, wobei man noch im zulässigen Bereich (gestrichelte Bereich in der Abbildung 3.7) für den Reststrom bleibt [87].

Der zulässige Wert der Verlagerungsspannung U_{MEmax} beträgt 10 Prozent der Leiter-Erde-Nennspannung gemäß den Anforderungen des Versorgungsunternehmens [18].

In [53] wurde an einem Beispiel der gebündelten Leitungen von zwei Netzen mit Nennspannungen 380-kV und 110-kV gezeigt, dass die Verlagerungsspannung im erdschlusskompensierten 110-kV-Netz durch die Beeinflussung des 380-kV-Netzes den Grenzwert von 10 Prozent überschreiten kann.

In Kapitel 5.5 wird näher auf die Ergebnisse der Beeinflussung durch Höchstspannungsnetze auf die geerdeten Netze eingegangen.

3.7.3 Elektromagnetische Beeinflussung der Verlagerungsspannung

Wie in Kapitel 3.4 erläutert, hat der durch die kapazitive Beeinflussung induzierte Strom $\underline{I}_{\text{BQ}}$ eine entscheidende Rolle bei der Verschiebung der Verlagerungsspannung. Abbildung 3.8 zeigt die Ausbreitung der kapazitiv beeinflussten Ströme zwischen den Leitungen der zusammengeführten 380-kV- und 110-kV-Netze.

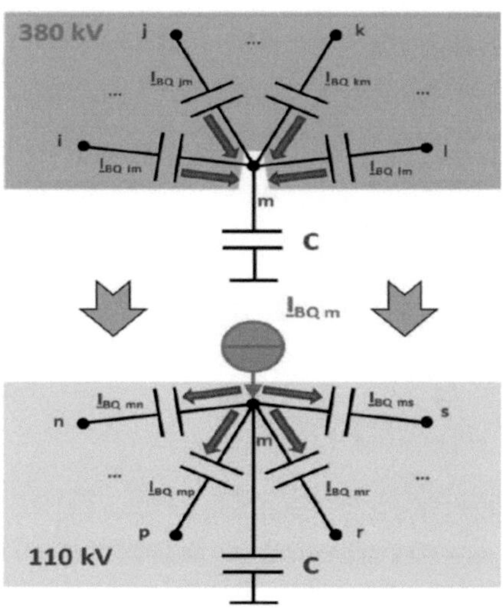

Abb. 3.8: Ausbreitung der kapazitiv beeinflussten Ströme (i-l – 380-kV-Leiter, m-s – 110-kV-Leiter, m – 110-kV-Leiter unter dem Einfluss der 380-kV-Leitung), in Anlehnung an [17]

Die Leiter-Erde-Spannungen $\underline{U}_{BC}$, verursacht durch benachbarten Leitungen, können nach Gleichung 3.12 in Matrixform ermittelt werden.

Durch die Erstellung des Vektordiagrammes (Abbildung 3.9) ist es möglich, die Beeinflussung durch das Übertragungsnetz besser darzustellen. Als Beispiel wird das 380-kV-Netz (50 Hz) mit vier Systemen je 1800 A und das 110-kV-Netz (50 Hz) mit zwei Systemen betrachtet. Beide Netze sind für eine definierte Strecke auf gemeinsamen Masten geführt. Aus dem Vektordiagramm ist zu sehen, dass es in den Leiter-Erde-Spanungen des 110-kV-Netzes $\underline{U}_{RE}$, $\underline{U}_{SE}$, $\underline{U}_{TE}$ zu Spannungsverschiebungen kommt, nachdem das 380-kV-Netz mit einem Laststrom von 1800 A pro System in Betrieb genommen wurde. Die Leiter-Erde-Spannungen des 110-kV-Netzes im Falle des Betriebes des 380-kV-Netzes sind als $\underline{U}_{RE\ (4x1800A)}$, $\underline{U}_{SE\ (4x1800A)}$, $\underline{U}_{TE\ (4x1800A)}$ in der Abbildung 3.9 gekennzeichnet. Die Verlagerungsspannung $\underline{U}_{ME}$ im kompensierten 110-kV-Netz ist im Fall des ausgeschalteten 380-kV-Netzes zwar vorhanden, aber in der Abbildung 3.9 aufgrund des kleinen Wertes nicht zu sehen. Die durch das 380-kV-Netz verursachte Verlagerungsspannung $\underline{U}_{ME\ (4x1800A)}$ ist als roter Vektor gezeichnet.

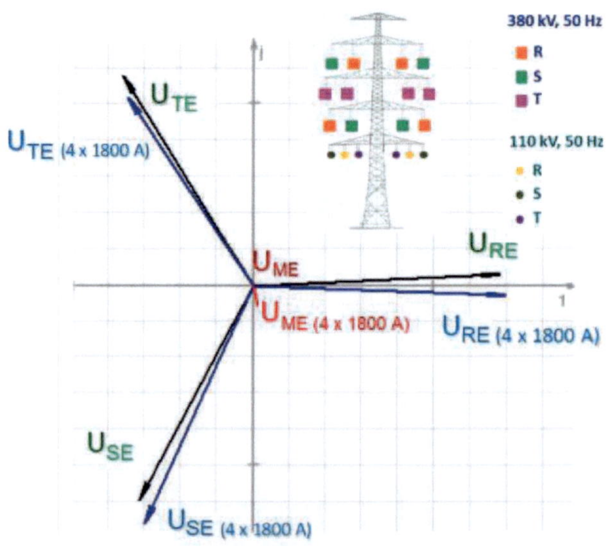

Abb. 3.9: Zeigerdiagramm der Leiter-Erde-Spannungen $\underline{U}_{RE}$, $\underline{U}_{SE}$, $\underline{U}_{TE}$ und Verlagerungsspannung $\underline{U}_{ME}$ im 110-kV-Netz (Doppelsystem) mit und ohne Betrieb von 380-kV-Netz (4 Systeme je 1800 A) geführt auf gemeinsamen Masten, in Anlehnung an [17]

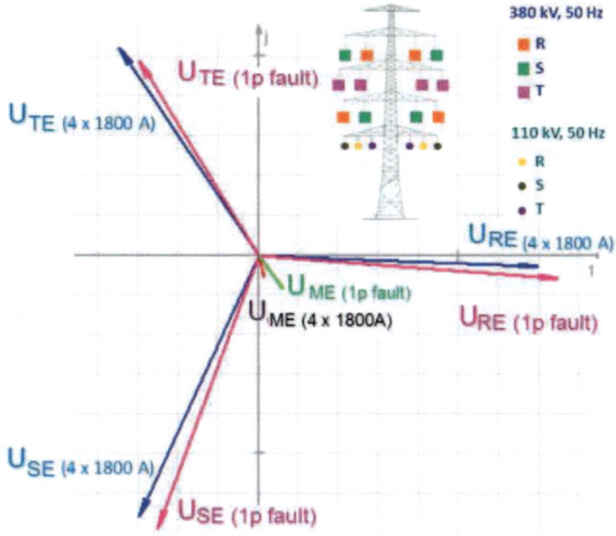

Abb. 3.10: Zeigerdiagramm der Leiter-Erde-Spannungen und Verlagerungsspannung im 110-kV-Netz beim Normalbetrieb und beim 1-phasigen Erdschluss im 380-kV-Netz geführt auf gemeinsamen Masten, in Anlehnung an [17]

Im Fall eines einpoligen Erdschlusses im 380-kV-Übertragungsnetz wird der Einfluss auf die Leiter-Erde-Spannungen und die Verlagerungsspannungen des 110-kV-Netzes größer. Das Diagramm in der Abbildung 3.10 stellt die Vektoren der Leiter-Erde-Spannungen $\underline{U}_{\text{RE (1 ph. KS)}}$, $\underline{U}_{\text{SE (1 ph. KS)}}$, $\underline{U}_{\text{TE (1 ph. KS)}}$ und die Verlagerungsspannung $\underline{U}_{\text{ME (1 ph. KS)}}$ dar. Aus der Abbildung 3.10 ist ersichtlich, dass der einpolige Erdschluss im 380-kV-Netz eine höhere Verlagerungsspannung gegenüber dem Normalbetrieb des 380-kV-Netzes hervorruft.

Es ist anzumerken, dass die Werte der Leiter-Leiter-Spannungen des 110-kV-Netzes aufgrund des elektromagnetischen Einflusses durch die 380-kV-Leitungen unverändert bleiben.

Fazit zum Kapitel 3:

In dem Kapitel ist die allgemeine Skizze des Beeinflussungsmodells von Wechselwirkungen zwischen den zusammengeführten Leitungen gezeigt sowie die Analyse der für das Beeinflussungsmodell benötigten Parameter durchgeführt.

4 Methodik zur Berechnung der Berührungsspannung

In diesem Kapitel wird ein Verfahren zur Modellierung der Berührungsspannung im Fall der Berührung der Leitung durch eine Person in einem Abschnitt bei der gebündelten Leitungsführung vorgeschlagen. Das Verfahrensmodell ist in der Abbildung 4.1 schematisch dargestellt. Um die Berührungsspannung U_B nach der entwickelten Methodik zu ermitteln, werden folgende Eingangsmodelle wie Parameter der Erdungsanlage, Modell der Person, Leitungsparameter und Beeinflussungsmodell benötigt.

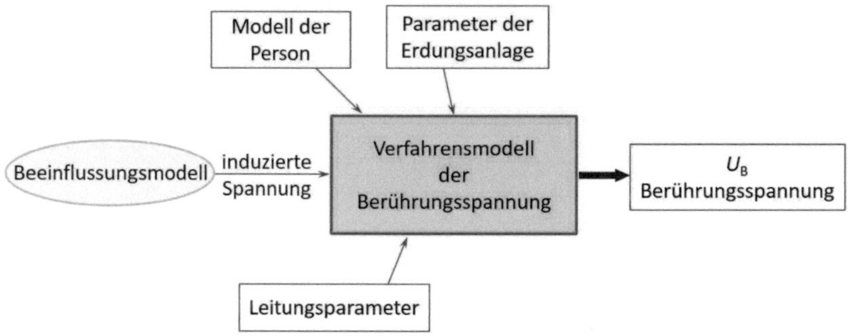

Abb. 4.1: Verfahrensmodell zur Berechnung der Berührungsspannung. Beeinflussungsmodell ist aus der Abb. 3.1 zu entnehmen

Die Erdungsanlage und die Nachbildung der Arbeiten an der Leitung mit dem Modell mit einer Person sind im weiteren Verlauf dieser Kapitel dargestellt. Das Beeinflussungsmodell und die Leitungsparameter wurden im Kapitel 3 betrachtet.

4.1 Die Erdungsanlage

Bei den Untersuchungen der Berührungsspannnung ist die Auslegung von Erdungsanlagen (Masterdungsanlagen) von großer Bedeutung. Die Erdungsanlage stellt eine Gesamteinheit miteinander leitend verbundener Erder, Erdungsleiter (ES) und/oder in gleicher Weise wirkender Metallteile (z. B. Mastfüße, Bewehrungen, metallene Kabelmäntel) dar [89]. Die Abbildung 4.2 zeigt schematisch eine Nachbildung der Erdungsanlagen (Masterdungsanlagen). Erdungsanlagen haben die grundsätzliche Aufgabe, Fehlerströme in das Erdreich abzuleiten. Die Masterdungsanlagen müssen mechanisch fest und korrosionsbeständig ausgelegt sein. Die Qualität der Erdungsanlagen hat direkten Einfluss auf die Personen- und Betriebssicherheit der jeweiligen Leitung [90]. Wesentliches Ziel sind das Erreichen eines ausreichend geringen Ausbreitungswiderstandes, sowie der Aspekt der Potenzialsteuerung zur Vermeidung unzulässig hoher Berührungs- und Schrittspannungen. Nach [11] wurde ein neues Konzept zur Ertüchtigung der standardisierten Erdungsanlagen für Hochspannungsmasten im 110-kV-Netz entwickelt. Es wurde gezeigt, wie in bestimmten Fällen eine wesentliche Verbesserung des Ausbreitungswiderstandes in Erdungsanlagen zu erreichen ist, z. B. durch eine Veränderung der geometrischen Struktur der Erdungsanlage durch zusätzlicher Tiefenerder.

4.1.1 Begriffe

Hier sind die in der Arbeit angewendeten Begriffe erläutert (siehe Abbildungen 4.2, 4.3, 4.6). Unter dem *Ausbreitungswiderstand* R_A eines Erders wird nach [10] der Widerstand zwischen dem Erder und der Bezugserde verstanden. Der Ausbreitungswiderstand hängt ab

- vom spezifischen Erdwiderstand ρ_E und
- von den Abmessungen, der Anordnung und dem Material der Erder.

Als eine Randbedingung für eine qualitative Bewertung der lokalen Erdungsanlage gilt der statistische Grenzwert des Ausbreitungswiderstandes $R_A \leq 10\ \Omega$. Damit kann ein Mast als weitgehend gegen rückwertige Überschläge geschützt betrachtet werden [11]. In der IEEE-Studie [91] wird gezeigt, dass ab einem Wert von $R_A > 10\ \Omega$ die Fehlerrate von Versorgungsunterbrechungen aufgrund atmosphärischer Entladungen drastisch ansteigt.

Der *spezifische Erdwiderstand* ρ_E, auch *spezifischer Bodenwiderstand* genannt, spielt bei der Bestimmung der Höhe des Erdungswiderstandes eine wichtige Rolle. Der spezifische Bodenwiderstand ist von mehreren Faktoren abhängig, z. B. von Bodenart, der Korngröße und Dichte des Bodens, vom Feuchtigkeitsgehalt und von der Temperatur des Erdbodens [92, 93]. Bis in einigen Metern Tiefe können Feuchtigkeitsänderungen zeitliche Schwankungen des spezifischen Erdwiderstandes verursachen.

Die *Bezugserde* (ferne Erde) ist laut [89] jener Teil der Erde außerhalb des Einflussbereiches eines Erders oder einer Erdungsanlage, für den zwischen zwei beliebigen Punkten keine wahrnehmbaren Spannungen infolge von Erdströmen auftreten.

Der *Erder* im Sinne der Norm [10] ist der Leiter, der in Erde oder Beton (bzw. anderen Baustoffen) eingebettet und leitend mit der Erde verbunden ist. Wenn elektrisch leitfähige Teile mit einem Erder verbunden sind, so spricht man von „erden“.

Die geforderten Materialien für Erder eines Mastes werden in erster Linie durch die Beständigkeit gegen die Korrosion bestimmt. Die geometrischen Abmessungen hingegen, werden durch die Stromtragfähigkeit vorgegeben [94]. Die Erder können in verschiedenen Arten wie Tiefenerder, Oberflächenerder und Fundamenterder ausgeführt werden. In der Arbeit wird als Masterder ein Tiefenerder betrachtet. Es ist auch zu beachten, dass sich die Erder gegenseitig beeinflussen und daher ein komplette Betrachtung von allen Erdungswiderstände der Masten und Umspannwerke nötig ist.

Der *Erdungsleiter* ist der Leiter, der die zu erdenden Anlagenteile mit einem Erder verbindet, soweit dieser außerhalb des Bodens verlegt (Erdseil) oder im Boden eingegraben ist [90].

Der *Zusatzerdungsleiter* wird auch als *Arbeitserder* AE verstanden, welcher zur zusätzlichen Absicherung der Arbeitsstelle dient und zwischen dem Leiterseil an der Arbeitsstelle und den geerdeten Anlagenteilen angebracht wird. R_{AE} ist der Widerstand des Arbeitserders (siehe Abb. 4.6, 4.5).

Das *Erdseil* ES ist der Leiter, der an einigen oder allen Stützpunkten mit Erde verbunden, und gewöhnlich oberhalb der Außenleiter aufgehängt ist, es dient dem Schutz gegen Blitzeinschlag [10].

Die *Erdungsimpedanz* Z_{E} ist Impedanz zwischen der Erdungsanlage und der Bezugserde. Die Erdungsimpedanz ergibt sich aus der Parallelschaltung aller Ausbreitungswiderstände der zusammengeschlossenen Erder (die nicht im gegenseitigen Einflussbereich bzw. Wirkungsbereich liegen) und der Impedanzen angeschlossener Kettenleiter (z. B. der Erdseile von Freileitungen und der Metallmäntel von Kabeln) [94].

Der *Erdungsstrom* I_{E} ist jener Teil des Fehlerstromes I_{F}, der in die betrachtete Erdungsanlage hineinfließt und durch den die Potenzialanhebung der Erdungsanlage verursacht wird [10, 94].

Die *Erdungsspannung* U_{E} (Fehlerspannung U_{F}) ist die zwischen einer Erdungsanlage und Bezugserde auftretende Spannung, wenn ein Strom (I_{F}) durch die Erdungsimpedanz der Erdungsanlage [10] fließt

$$U_{\mathrm{E}} = I_{\mathrm{F}} \cdot Z_{\mathrm{E}} \quad bzw. \quad U_{\mathrm{E}} = I_{\mathrm{E}} \cdot R_{\mathrm{A}} \tag{4.1}$$

Die *Berührungsspannung* U_{B} ist der Teil der Erdungsspannung bei einem Erdfehler, der vom Menschen abgegriffen werden kann [90]. Laut [95] für Netze mit isoliertem Sternpunkt oder

Erdschlusskompensation darf die Berührungsspannung den zu erwartenden (prospektiven) Wert nicht überschreiten. Diese Forderung wird dann erfüllt, wenn gilt

$$U_{\mathrm{E}} \leq 2 \cdot U_{\mathrm{Tp}} \tag{4.2}$$

wo U_{Tp} – zu erwartende maximale Berührungsspannung

Die *induzierte Spannung* wird gemäß Induktionsgesetz [8] infolge zeitveränderlichen elektrischer und magnetischer Felder hervorgerufen.

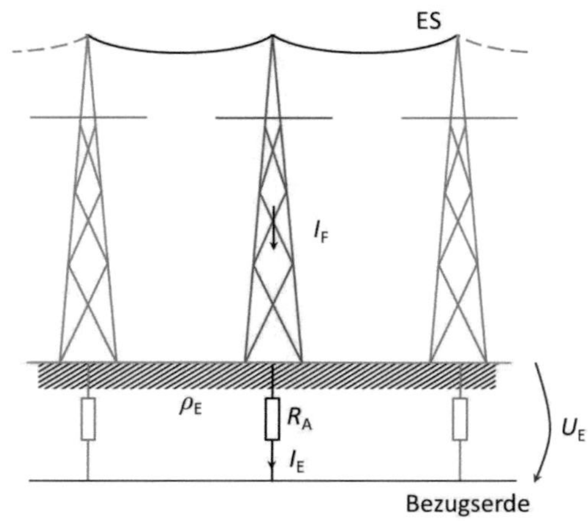

Abb. 4.2: Erdungsanlage

4.1.2 Nachbildung der Erdungsanlage

Das Verhalten der Erdungsanlage ist hauptsächlich von der Wirksamkeit des Erdseiles und dem daraus resultierenden Kettenleiter, der Geometrie und dem spezifischen Bodenwiderstand abhängig.

Die metallischen Masten, die miteinander über die Erdseile verbunden sind, bilden zusammen mit Masterdungen einen zusammengesetzten Erder, genannt Erdseilkettenleiter oder Kettenleiter. Im Gegensatz zu den verhältnismäßig eng beieinander liegenden Erdern einer Stationserdungsanlage sind beim Erdseilkettenleiter auch der ohmsche und der induktive Anteil der Erdseile nicht zu vernachlässigen [94]. Ein weiterer Einfluss entsteht durch die induktive Kopplung zwischen dem Phasen- und Erdseil.

Der Kettenleiter ist der wirksame Schaltungsaufbau von Freileitungsmasten. In den Abbildungen 4.2 und 4.3 sind die Nachbildung des Kettenleiters und ein Ersatzschaltbild eines

Kettenleitersabschnittes dargestellt. Hierbeit ist R_{Mast} der Ausbreitungswiderstand R_{A} eines einzelnen Freileitungsmastes (Mastausbreitungswiderstand). R_{UW} ist der Ausbreitungswiderstand R_{A} der Erdungsanlage eines Umspannwerkes.
Die Erdungsimpedanz für die Abbildung 4.3 wird aus der Parallelschaltung der Mastausbreitungswiderstände und der Impedanz der angeschlossenen Kettenleiter gebildet. Das Gleiche gilt für die Erdungsanlage des Umspannwerkes.

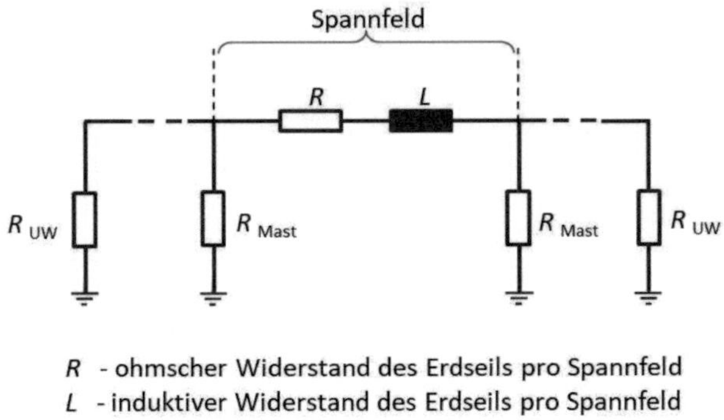

Abb. 4.3: Ersatzschaltung eines Kettenleiterabschnittes, in Anlehnung an [94], überarbeitet

4.2 Arbeiten an der abgeschalteten Leitung

4.2.1 Sicherheitsregeln

Um einen sicheren und spannungsfreien Zustand bei Arbeiten an elektrischen Anlagen (Freileitungen) herzustellen und um Risiken und Gefahren eines Stromunfalls möglichst gering zu halten, müssen bestimmte Sicherheitsregeln eingehalten werden. Laut deutscher Norm DIN VDE 0105 [96] gelten die folgenden fünf Sichercheitsregeln für Arbeiten an elektrischen Anlagen:

1. Freischalten

2. Gegen Wiedereinschalten sichern

3. Spannungsfreiheit feststellen

4. Erden und Kurzschließen

5. Arbeitsstelle sichern (Abschranken)

Die Arbeitsstelle darf erst dann freigegeben werden, wenn alle fünf Sichercheitsregeln in der Reihenfolge 1 bis 5 angewendet worden sind. Der spannungsfreie Zustand muss von einer Elektrofachkraft festgestellt werden. Der Auftrag zum Wiedereinschalten darf erst dann gegeben werden, nachdem die Sicherheitsregeln in der umgekehrten Reihenfolge, also von 5 bis 1, aufgehoben sind [97].

4.2.2 Arbeiten an der Leitung

Bei der Durchführung der Arbeiten an Masten, Freileitungen und Oberleitungsanlagen sind spezielle Vorschriften und Richtlinien einzuhalten [98]. Um die potenziellen Gefährdungen auf ein möglichst geringes Risiko zu begrenzen, gehören die persönliche Schutzausrüstungen zu den individuellen Schutzmaßnahmen und müssen dem aktuellen Stand der Technik entsprechen.

Beim Bau und Betrieb von Freileitungen und auch bei Inspektionen, Wartung und Reparatur von Freileitungen bestehen zusätzlich die Gefährdungen durch den Absturz beim Besteigen von Masten und bei Arbeiten an Freileitungen. Hierfür sind entsprechende Absturzsicherungen und Arbeitstechnologien anzuwenden.

Die induzierte Spannung im Netz mit gebündelten Leitungen kann man in zwei Komponente teilen: elektrische und magnetische Bestandteile. Der elektrische Bestandteil wird durch die kapazitive Beeinflussung hervorgerufen und hängt von der Höhe der Spannung im beeinflussenden Leiter ab. Die kapazitive Beeinflussung kann man anhand der Erdung des beeinflussten Leiters reduzieren. Bei zwei Erdungen ist es möglich, diesen Einfluss effektiv zu beseitigen. Die magnetische Bestandteil infolge induktiver Beeinflussung wird durch den fliessenden Strom im beeinflussenden Leiter erzeugt. Solange dieser Strom fliesst, ist der magnetische Bestandteil der induzierten Spannung vorhanden. Die Besonderheit der magnetische Bestandteil besteht darin, dass deren Wert durch das Vorhandensein der Erdungen im beeinflussten Leiter schwer geändert oder reduziert werden kann (siehe zum Beispiel [99]). Die Abbildung 4.4 zeigt die Verteilung des magnetischen Bestandteiles der induzierten Spannung an der beeinflussten abgeschalteten Leitung in Abhängigkeit von der Erdung. Die Abbildung 4.4 a) kennzeichnet eine Situation des isolierten Leiters (ohne Erdung). Hier wird das elektromagnetische Feld über die Länge L die induzierte Spannung gleich $2U$ (von $-U$ bis $+U$) induzieren. Zur Vereinfachung der Darstellung ist die Größe $2U$ als absoluter Wert genommen. In der Abbildung 4.4 b) ist ersichtlich, dass bei nur einer Erdung das Nullpotenzial der Spannung und die Erdungsstelle übereinstimmen. An der Gegenstelle der abgeschalteten Leitung ist die induzierte Spannung maximal und beträgt Größe $2U$. Bei einer Verschiebung der Erdungsstelle (Abbildung 4.4 c)) verlagert sich das Nullpotenzial der Spannung ebenfalls mit. Die Verschiebung der Nullpotenzialstelle lässt sich mit Folgendem erklären. Der beeinflussende Leiter und der Leiter, an dem die Arbeit durchgeführt wird, sind hauptsächlich über das magnetische Feld miteinander verbunden. Dies kann analog zu dem Transformator ohne Kern mit nur einer Wicklung je Leiter betrachtet werden. Zur Reduzierung (Beseitigung) des magnetischen Bestandteiles der induzierten Spannung im Fall der Arbeiten an dem Leiter wird eine Erdung unmittelbar an der Erdungsstelle angewendet, wie in der Abbildung 4.4 c) gezeigt ist.

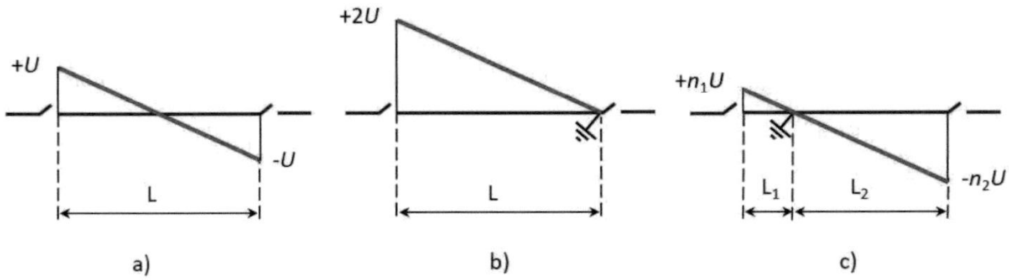

Abb. 4.4: Verteilung des magnetischen Bestandteiles der induzierten Spannung an dem beeinflussten abgeschalteten Leiter abhängig von der Erdung, a) – nicht geerdet; b), c) – mit einer Erdung. Hier ist L – Länge des zusammengeführten Abschnittes, L_1, L_2 – Abstand bis zur Erdungsstelle, $n_1 = 2L_1/L_2$ und $n_2 = 2L_2/L_1$. In Anlehnung an [99], überarbeitet

Die Arbeit an der Leitung nahe der Erdungsstelle kann kritisch sein, da die induzierte Spannung vorhanden ist. Dabei kann die Berührungsspannung die zulässige Grenze überschreiten.

Wie oben beschrieben ist, werden zur Beseitigung der kapazitiven Beeinflussung zwei Erdungen angewendet. Zur Beseitigung der induktiven Beeinflussung wird eine Erdung unmittelbar an der Arbeitsstelle benötigt. Deswegen sind für eine sichere Durchführung der Arbeiten an der beeinflussten Leitung drei Erdungen anzuwenden.

4.2.3 Nachbildung der Arbeiten an der abgeschalteten Leitung

Die Ermittlung der Berührungsspannung bei Arbeiten am Leiterseil der abgeschalteten Leitung wird in Bezug auf eine mögliche Berührung der Leiterseile einer Gemeinschaftsleitung durchgeführt.

Bei der Durchführung der Arbeiten an der abgeschalteten Leitung wird generell diese Leitung beidseitig in den Umspannwerken freigeschaltet und kurzschlussfest geerdet.
In Abbildung 4.5 a) ist die Berührung der Leitung durch einen Menschen vereinfacht dargestellt. Die Berührungsspannung zwischen der Hand und den Füßen des Menschen hängt von dem Verhältnis R_M/R_E ab, wobei R_M – der Widerstand des Menschen und R_E – der äquivalente Erdungswiderstand am Arbeitsort ist.

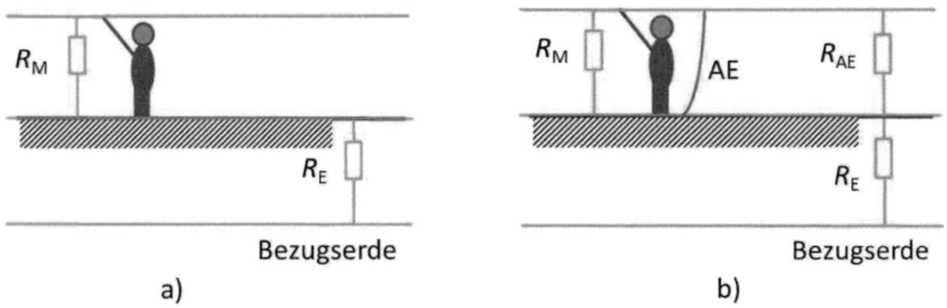

Abb. 4.5: Berührung der Leitung durch eine Person an einem Arbeitsort a) ohne und b) mit dem Arbeitserder (AE), wie auch vom Autor vorgestellt [40]

Es wird berücksichtigt, dass es eine zusätzliche Verbindung (Arbeitserder) zwischen dem Leiterseil an der Arbeitsstelle und dem Erdungsteil/Erder oder dem nächstliegenden Mast gibt. Wenn der Arbeitsplatz mit dem Arbeitserder gesichert ist, hängt die Berührungsspannung zwischen der Hand und den Füßen des Menschen von dem Verhältnis zwischen den parallel geschalteten Widerständen R_M und R_{AE} und dem Erdwiderstand R_E ab. R_{AE} ist der Widerstand des Arbeitserders. Dieser Fall ist in der Abbildung 4.5 b) dargestellt.
Besteht keine Möglichkeit, den Arbeitserder unmittelbar am Arbeitsort anzubringen (z. B. Arbeiten im Spannfeld), so ist der äquivalente Erdungswiderstand R_{EM} am Arbeitsort zu berücksichtigen. Dargestellt ist dies in der Abbildung 4.6 a), wo R_E – der äquivalenten Erdungswiderstand am Verknüpfungspunkt des Arbeitserders. Der Arbeitserder ist fern vom Arbeitsort angebracht.
Für die weiteren Betrachtungen wurde davon ausgegangen, dass der Widerstand des Menschen R_M normalerweise viel größer als der Erdungswiderstand R_{EM} ist, damit kann der Erdungswiderstand R_{EM} vernachlässigt werden. Hieraus ergibt sich das Ersatzschaltbild in 4.6 b).
In [100] werden mehrere typische Varianten der Absicherung an der Arbeitsstelle betrachtet. Ein Beispiel ist ein Fall der Verwendung von sogenanntem „bracketed grounding“ [100]. Der

Arbeitsplatz wird durch die Verbindungen an beiden Seiten des Arbeitsortes gesichert. Das sind zwei Arbeitserder, die zwischen der abgeschaltete Leitung und den geerdeten Masten angebracht sind. Trotz der zwei Erder kann eine solche Absicherung des Arbeitsortes zur Gefahr nicht nur für Arbeiter an der Leitung, sondern auch für auf dem auf dem Boden stehendes Personal führen. In diesem Fall steigt das Erdpotenzial, das von der Entfernung der Arbeitserder vom Arbeitsort abhängt [100]. Aus diesem Grund wird in der vorliegenden Arbeit nur der einseitig angebrachte Arbeitserder betrachtet.

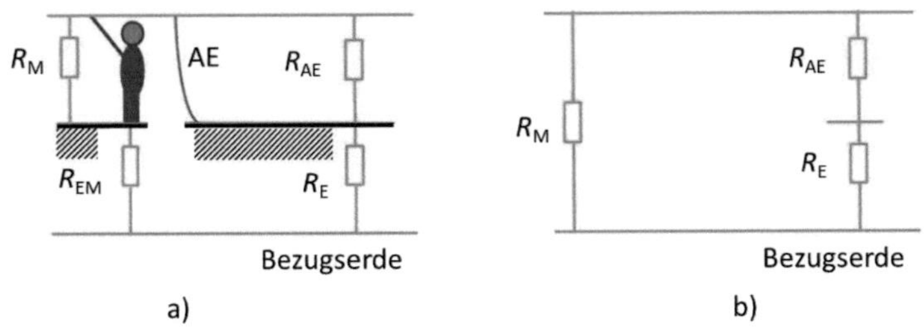

Abb. 4.6: a) Arbeitsort mit fern angebrachtem Arbeitserder (AE) und b) Ersatzschaltbild des Arbeitsortes mit dem Arbeitserder

Für die Untersuchungen der Berührungsspannung ist das Ersatzschaltbild in der Abbildung 4.6 b) angenommen und gilt als eine Grundlage für die Nachbildungen der Arbeiten an der Leitung bei den gebündelten Leitungen.
Das in der vorliegenden Arbeit neu entwickelte Verfahren wurde approbiert und in zwei Masterarbeiten erfolgreich angewendet [55, 80].

Fazit zum Kapitel 4:

Nach der Literaturrecherche existiert keine allgemein gültige verbindliche Methodik zur Ermittlung der Berührungsspannungen in einem Abschnitt der zusammengeführten Leitungen. In der vorliegende Arbeit ist das neu entwickelte allgemeine Verfahren für die Berechnung der Berührungsspannung auf einer Leitung bei einer gebündelten Leitungsführung in der Abbildung 4.1 vorgeschlagen.

5 Numerische Validierung

Wie oben erwähnt, führen die gebündelten Leitungen zu unerwünschten Wechselwirkungen. In diesem Kapitel sind die Auswirkungen hinsichtlich des Beeinflussungsmechanismus und der Berührungsspannung untersucht. In der vorliegenden Arbeit werden die typischen Konfigurationen der gebündelten Leitungen hinsichtlich der Tabelle 2.1 analysiert. Die Validierung der gewonnenen Ergebnisse ist durch einen experimentellen Vergleich verwirklicht. Die Messungen sind in einem real existierenden Leitungsabschnitt mit zusammengeführten Leitungen der bestimmten Konfiguration durchgeführt.

5.1 Verwendete Werkzeuge

Typische Annahmen: Auf Grundlage der Literaturrecherche über die geplanten und untersuchten zusammengeführten Leitungen in Europa [5, 7, 12, 34, 37, 39, 46, 52] sind in der vorliegenden Arbeit mehrere Varianten der gebündelten Leitungen entstanden. Dies sind folgende typisch betriebenen Frequenzen und Spannungen wie DC, 16,7 Hz, 50 Hz und 15(25) kV (Bahnnetz), 110 kV, 380 kV, ±500 kV (zukünftig nach [12]), siehe Tabelle 2.1 und Kapitel 5.2.

In einer Reihe von Ländern wie z. B. Frankreich, Dänemark, Belgien, Tschechien, Bulgarien, Russland usw. [101] wird die Frequenz von 50 Hz auch für die Elektrifizierung der Eisenbahnstrecken verwendet. In Deutschland ist seit 2009 die Rübelandbahn ([102], Sachsen-Anhalt) mit 25 kV mit 50 Hz für eine kurze Strecke wieder im Betrieb. Aus diesem Grund wird in der Arbeit als ein Beispiel der Untersuchungen das 25-kV-Bahnnetz mit der Frequenz von 50 Hz betrachtet (siehe Kapitel 5.7.1).

Laut [103] beträgt für die Stromübertragung ab 380 kV in der Regel die geplante Trassenlänge ca. 200 Kilometer. Aus diesem Grund wird in der Arbeit als typische Länge der gebündelten Leitungen die Länge bis 200 Kilometer angenommen.

HGÜ-Technologie: Die Aufbau einer HGÜ-Leitung besteht grundsätzlich aus drei Komponenten:

- Konverterstation 1 zur Umwandlung der Wechselspannung in Gleichspannung,
- Übertragungsleitung als Freileitung oder Kabel und
- Konverterstation 2 zur Umwandlung der Gleichspannung in Wechselspannung.

Die HGÜ-Technologie wird monopolar/bipolar mit/ohne metallischen Rückleiter aufgebaut. Die typisch in Deutschland geplanten HGÜ-Leitungen werden laut [104] in Bipol-Anordnung mit metallischem Rückleiter angenommen. Die Abbildung 5.1 stellt schematisch den Aufbau der bipolaren HGÜ-Leitung dar. Die bipolare Gleichstromübertragung wird anhand positiver (Pos) und negativer (Neg) Polleiter ausgeführt. Beide Pole können unabhängig voneinander betrieben werden. Bei Ausfall eines Pols sollte der verbleibende Pol in der Lage sein, den monopolaren Betrieb mittels eines metallischen Rückleiters (MR) bzw. Neutralleiters (NL) zu realisieren, sodass die Hälfte der Leistung noch übertragen werden kann. Eine solche HGÜ-Technologie ist in der Arbeit zur Untersuchungen angewendet. Dabei werden unterschiedliche Möglichkeiten von Erdung des metallischen Rückleiters betrachtet (Kapitel 5.6, 5.7).

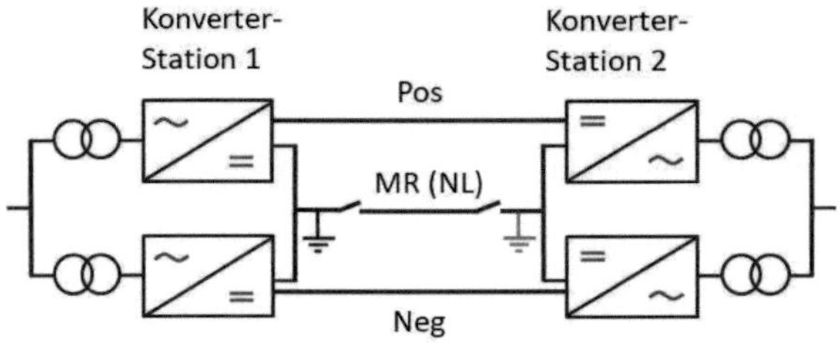

Abb. 5.1: Blockschema einer bipolaren HGÜ-Leitung mit metallischem Rückleiter. Pos – positiver Polleiter, Neg – negativer Polleiter, MR – metallischer Rückleiter, (NL) – Neutralleiter

Verwendete Verkzeuge: Die Umsetzung des Beeinflussungsmodells und des entwickelten Verfahres zur Berechnung der Berührungsspannung wird mit MATLAB/Simulink (mit Sim-Power-Systems-Blockset, *power_lineparam*) [75] vollgezogen.

Für die Untersuchungen der elektrischen und magnetischen Felder ist die spezielle Berechnungssoftware WinField [105] eingesetzt. Es werden neue mathematische Modelle der betrachteten Infrastruktur für die EMF-Berechnungen entwickelt. Dabei werden charakteristische Betriebszustände der gebündelten HöS-Drehstrom- und HGÜ-Systeme nachgebildet (siehe Kapitel 5.6.4).

Bei der Nachbildung der Brücken wird der Einsatz der Software für die Finite-Elemente-Methode-Simulation „Agros2D“ [106] angewendet. Damit ist es möglich, die Verteilung der im Brückenbalken induzierten Ströme zu berechnen.

5.2 Betrachtete Varianten der Bündelung von Leitungen

Um die Wechselwirkungen der gebündelten Leitungen unterschiedlicher Frequenz und Nennspannungen zu beurteilen, werden verschiedene Varianten von Fallstudien der möglichen Parallelführungen von Leitungen (laut Tabelle 2.1) untersucht:

1. Bündelung der 380-kV-Freileitung (50 Hz) und 110-kV-Freileitung (50 Hz). Hier wird das 380-kV-Netz starr geerdet und das 110-kV-Netz mit Erdschlusskompensation betrieben. Bei dieser Konfiguration wurden Messungen durchgeführt.

2. Bündelung der 380-kV-Freileitung (50 Hz) und +/-500-kV-Freileitung (HGÜ), auch als Hybridleitung bezeichnet. In dieser Variante werden auch die Flickererscheinungen im 0,4-kV-Netz untersucht.

3. Mitverlegung der Übertragungsleitung und der Bahnoberleitung. Hier entstehen noch weitere Typen der Übertragungsleitung, die als Freileitung (380 kV, 50 Hz), HGÜ-Leitung (+/-500 kV), HGÜ-Kabel (+/-500 kV) verlegt werden. Die Oberleitung des Bahnnetzes wird mit 15 kV (16,7 Hz) oder mit 25 kV (50 Hz) betrieben. In dieser Variante wird auch die Beeinflüssung auf die Stahl- bzw. Stahlbetonbrücken betrachtet.

Die Forschung der vorliegende Arbeit zielt auf die aufgelisteten Varianten der Bündelung und Zusammenführung der Leitungen. Die Ergebnisse der Analyse sind in den Kapiteln 5.5, 5.6 und 5.7 dargestellt.

5.3 Umsetzung

Das Beeinflussungsmodell (Kapitel 3) und das Verfahren zur Berechnung von Berührungsspannung (Kapitel 4) ist durch das Programm MATLAB/Simulink [75] umgesetzt.
Zur Berechnung der Berührungsspannung an einer ausgeschalteten Leitung in einem Abschnitt bei der gebündelten Leitungsführung wird erst die Modellierung des zu betrachtenden Netzes mit zusammengeführten Leitungen durchgeführt. In der vorliegende Arbeit ist das Netz zur Untersuchung der zu erwartenden Wechselwirkungen zwischen Leitungen unterschiedlicher Frequenzen und Nennspannungen anhand der Impedanzberechnung nach Carson und Pollaczek (Kapitel 3) aufgebaut. Dadurch ist es möglich, die Simulation der Stromnetze verschiedener Spannungsebenen unter Berücksichtigung der zwischen den beiden Netzen bestehenden induktiven und kapazitiven sowie galvanischen Kopplungen durchzuführen.Diese Modelle ermöglichen, die Netzberechnungen sowohl im Zeitbereich (auf der Basis der Lösung

der Differentialgleichungen) als auch im Frequenzbereich (separate Berechnungen in der komplexen Ebene für jede vorgegebene Frequenz) durchzuführen.

Das komplette mathematische Modell ist anhand der Anpassung der Berechnungsmodalitäten (Auswahl der geeigneten Simulations- und Integrationsverfahren, Festlegung der Berechnungsgenauigkeiten etc.) entwickelt.

Die gebündelten Leitungen in allen in der Arbeit zu untersuchenden Varianten sind als verteilte Parameter unter Berücksichtigung der Phasenleiter, metallischen Rückleiter (im Fall der Hybridleitung) und geerdeten Leitungen betrachtet. Anhand dieser Funktion ist es möglich, die ohmsch-induktiven und kapazitiven Parameter (RLC-Parameter) der zusammengeführten Leitungen aus ihren Leitungseigenschaften und der Mastgeometrie zu berechnen.

Für die Leitung und die Erde werden die eigenen und gegenseitigen Widerstände sowie die Induktivitäten unter Berücksichtigung des Skin-Effektes ermittelt.

Das Modell zur Analyse der Berührungsspannung mit Berücksichtigung des Beeinflussungsmodells (Kapitel 3) und der neuen Verfahren (Kapitel 4) ist in der Abbildung 5.2 dargestellt. Die relevanten Erdungswiderstände sind dabei berücksichtigt.

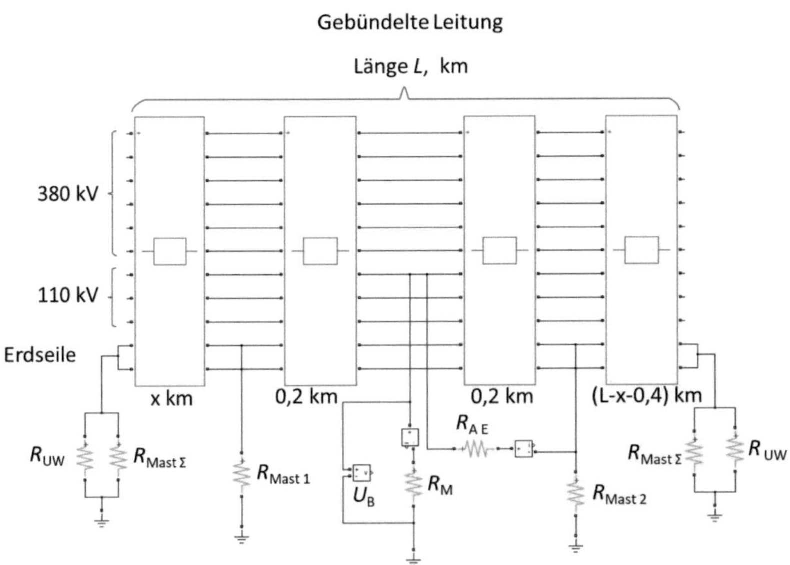

Abb. 5.2: Modell zur Analyse der Berührungsspannung U_{B} (Beispiel). R_{Mast} – Mastausbreitungswiderstand eines einzelnen Mastes, $R_{\mathrm{Mast}\Sigma}$ – äquivalenter Mastausbreitungswiderstand aller Masten des betrachteten Abschnittes, R_{UW} – Mastausbreitungswiderstand der entsprechenden Umspannwerke, x – Abstand zur Arbeitsstelle

In der vorliegenden Arbeit wird die Position der Arbeitsstelle an der abgeschalteten Leitung für die Berechnungen der Berührungsspannungen im Laufe des Abschnittes mit gebündelten Leitungen variiert. Damit ist es möglich, die Größe und den kritischsten Wert der Berührungsspannung zu ermitteln.

Die Länge des Spannfeldes, die Spannweite L_{Spw}, ist typischerweise mit der Größe $0,4$ Kilometer [107] angenommen. Der Abstand zwischen dem von der Arbeitstelle links liegenden Mast und dem links liegenden Umspannwerk und entsprechend der Abstand zwischen dem von der Arbeitstelle rechts liegenden Mast und dem links liegenden Umspannwerk sind durch die entsprechenden äquivalenten Längen der Streckenabschnitte von x, km und $(L-x-L_{\mathrm{Spw}})$, km gekennzeichnet (siehe Abbildung 5.2).

Dabei ist angenommen, dass der Arbeiter sich auf einer ideal geerdeten Oberfläche befindet und dabei die ausgeschaltete Leitung berührt. Der Körperwiderstand des Menschen wird durch den Widerstand R_{M} in der Abbildung 5.2 dargestellt. Der Widerstand R_{ArbE} in der Abbildung 5.2 gibt der Widerstand des Arbeitserders wieder.

Der Mastausbreitungswiderstand R_{Mast} entspricht in diesem Fall dem Ausbreitungswiderstand R_{A} laut Kapitel 4.1.1.

Die angenommenen Größen der Widerstände für das Modell zur Berechnung der Berührungsspannung sind in der Tabelle 5.1 dargestellt.

Tab. 5.1: Die Parameter und die Größen für die Simulation der Berührungsspannung

Parameter	Größe	Quelle
R_{Mast}, Ohm	2,1 - 50	[94]
R_{UW}, Ohm	0,2	[94]
R_{AE}, Ohm	0,002	[100]
R_{M}, Ohm	1000	[56]
ρ_{E}, Ohm·m	100	[94]

Der Körperwiderstand eines Menschen R_{M} wird nach [56, 63] mit 1 $k\Omega$ angenommen. Der spezifischen Erdbodenwiderstand ρ_{E} und der Ausbreitungswiderstand der Erdungsanlage eines Umspannwerkes R_{UW} werden nach [94] angenommen, ebenso der Mastausbreitungswiderstand der einzelnen Masten R_{Mast}. Der Widerstand des Arbeitserders R_{AE} sollte laut Vorschriften möglichst klein gehaltet werden. Der Wert R_{AE} wird für die Untersuchungen in dieser Arbeit nach [100] angenommen.

5.4 Experimenteller Vergleich

Zur Validierung der Simulationsergebnisse unter Verwendung des Beeinflussungsmodells und des Verfahrens zur Berechnung der Berührungsspannung wurde der experimentelle Versuch durchgeführt.

Der real existierende Abschnitt der gebündelten 110-kV- und 380-kV-Freileitungen (werden mit einer Frequenz von 50 Hz betrieben) wurde anhand von Messungen in der Arbeit [55] untersucht. Darin wurden außerdem die induzierten Ströme und Spannungen in den 110-kV-Leitungen unter Verwendung des Beeinflussungsmodells ermittelt sowie die Berührungsspannungen nach der in der vorliegenden Arbeit entwickelten Methodik berechnet. Die Berechnungs- und Messergebnisse wurden in der Arbeit [55] verglichen und validiert.

Die Messwerterfassung erfolgte im 110-kV-Netz an den abgeschalteten 110-kV-Leitungen in der gebündelten Strecke. Da bei Arbeiten an den 110-kV-Freileitungen eine Reihe von Sicherungsmaßnahmen erforderlich sind [96], wurde bei der Durchführung der Messungen das auf der gleichen Mastseite liegende 380-kV-System abgeschaltet und geerdet. Die Anordnung der Stromübertragungssysteme auf dem Mast ist die Abbildung A.1 im Anhang A zu entnehmen.

Da sich die 380-kV-Leitungen im europäischen Verbundnetz befinden, ist der Leistungsfluss durch die Einspeise- und Lastsituation weitestgehend vorgegeben. Die Messungen wurden daher in dem zum entsprechenden Zeitpunkt vorliegenden Belastungszustand des 380-kV-Netzes durchgeführt. Genauere Informationen über die Vorbereitung, Beschränkung und Durchführung der Messungen sind [55] zu entnehmen.

In Tabelle 5.2 werden die Mess- und Berechnungsergebnisse (anhand [55]) für die in den Leitern des 110-kV-Netzes induzierten Ströme gegenübergestellt. Die Ergebnisse sind für zwei Leistungszustände des 380-kV-Netzes mit einem Stromfluss von $I_{380} \approx 825\ A$ und $I_{380} \approx 60\ A$ dargestellt, wobei Letzterer den Leerlauffall der 380-kV-Leitungen in einseitig abgeschaltetem Zustand charakterisiert. Dabei fließt augfrund der vorhandenen kapazitiv influenzierten Stromanteile in den 380-kV-Leitungen ein geringer Strom von $I_{380} \approx 60\ A$. Aufgrund der Mastgeometrie sind die in Tabelle 5.2 aufgeführten induzierten Ströme unsymmetrisch auf die Leiter des 110-kV-Systems verteilt.

Anhand der Ergebnisse in Tabelle 5.2 ist festzustellen, dass die Mess- und Rechenwerte in einem ähnlichen Wertebereich liegen. Dabei ist zu beachten, dass die Abweichungen durch mögliche Messfehler entstehen können.

Tab. 5.2: Stromfluss auf den beidseitig geerdeten 110-kV-Leitungen in verschiedenen Betriebszuständen der 380-kV-Leitungen nach [55]

		$I_{L1\ 110}$, A	$I_{L2\ 110}$, A	$I_{L3\ 110}$, A
Bei	Messung	28,36	55,70	15,88
$I_{380} \approx 825\,\mathrm{A}$	Modell	23,21	39,33	21,54
Bei	Messung	1,44	2,26	3,21
$I_{380} \approx 60\,\mathrm{A}$	Modell	2,63	2,48	3,82

Es wird darauf hingewiesen, dass das entwickelte Netzmodell einer vereinfachten Darstellung entspricht. Der Durchhang der Leiterseile, die Erdoberfläche (Relief) und die Witterungsbedingungen wurden beispielsweise im Modell nicht berücksichtigt. Des Weiteren wurde der spezifische Erdwiderstand der untersuchten Strecke als unabhängig von der Tiefe des Bodens und als konstant angenommen. Trotz dieser Vereinfachungen sind mithilfe des entwickelten mathematischen Modells ausreichend genaue Ergebnisse ermittelt worden, um eine Näherung zu den Messergebnissen im realen Netz darzustellen.

In [55] wurden die Messungen und Berechnungen der Berührungsspannungen nach dem in Kapitel 4 entwickelten Verfahren durchgeführt. Die Ergebnisse sind in der Tabelle 5.3 dargestellt. Aufgrund des vergleichsweise hohen Aufwands für die Messungen wurden diese nicht in allen Phasen durchgeführt [55].

Tab. 5.3: Vergleich der Mess- und Berechnungswerte der Berührungsspannung U_B nach [55]

		$U_{\mathrm{B\ L1}}$, V	$U_{\mathrm{B\ L2}}$, V	$U_{\mathrm{B\ L3}}$, V
Bei	Messung	1,67	-	1,85
$I_{380} \approx 210\,\mathrm{A}$	Modell	2,66	3,22	3,09
Bei	Messung	-	0,91	0,72
$I_{380} \approx 60\,\mathrm{A}$	Modell	0,91	1,00	0,95

Wie die Ergebnisse in der Tabelle 5.3 zeigen, befinden sich die Werte in der gleichen Zahlenordnung. Dabei wurden die berechneten Werte im Vergleich zu den gemessenen Werten etwas größer ermittelt. Damit ist festzustellen, dass das verwendete Verfahren zur Bestimmung der Berührungsspannungen einen Worst-Case-Fall darstellt.

Daraus lässt sich schlussfolgern, dass das im Rahmen dieser Arbeit betrachtete Beeinflussungsmodell und das entwickelte Verfahren zur Berechnung von Berührungsspannung eine Näherung zum realen Netz darstellen.

Fazit zum Kapitel 5.4:

Basierend auf den Ergebnissen der experimentellen Messungen in den zusammengeführten 380-kV- und 110-kV-Freileitungen [55] kann geschlussfolgert werden, dass das betrachtete Beeinflussungsmodell und das entwickelte mathematische Verfahren zur Berechnung von Berührungsspannung bei gebündelten Leitungen eine Näherung zum realen Netz sowie zur Darstellung des Worst-Case-Fall geeignet sind. Anhand des Verfahrens ist möglich, die Größenordnung von zu erwartenden Berührungsspannungen bestimmen.
Zur Ermittlung der Berührungsspannungen in den existierenden sowie in den neu geplanten Netzen mit gebündelten Leitungen kann das in der vorliegenden Arbeit entwickelte Verfahren angewendet werden.

5.5 Gemeinschaftsleitung 110-kV-Freileitung (50 Hz) und 380-kV-Freileitung (50 Hz)

In diesem Kapitel werden die Wechselwirkungen zwischen den Übertragungsleitungen der Hoch- und Höchstspannungsebene auf gemeinsamen Masten betrachtet. Die beiden 110-kV- und 380-kV-Netzen sind mit je 50 Hz Netzfrequenz betrieben. Das 110-kV-Netz ist als RESPE-Netz (Kapitel 3.6) ausgeführt, wo der Sternpunkt über eine Erdschlusslöschspule geerdet ist. Die betrachtete Bündelungsoption entspricht der Variante 1 aus dem Kapitel 5.2 (siehe auch Tabelle 2.1).

Laut der Ergebnisse der Voruntersuchungen weisen sowohl Betriebs- als auch Fehlervorgänge im 110-kV-Netz keine störenden Einflüsse auf den Betrieb des 380-kV-Netzes auf [53]. Auf der Grundlage dieser Schlussfolgerung werden in der vorliegenden Arbeit nur die 380-kV-seitigen Beeinflussungen auf das 110-kV-Netz betrachtet.

Unterschiedliche Abstände zwischen den gebündelten Leitern im Hoch- und Höchstspannungssysteme bestimmen die Unterschiede in den Wechselwirkungen. Die geometrische Anordnung der Leiter unter Berücksichtigung der elektrischen Leiter-Impedanz sowie des Erdbodenwiderstandes bestimmt die Matrizen der ohmsch-induktiven und kapazitiven Elemente, welche die zwischen den einzelnen Leitern bestehenden elektrischen Kopplungen charakterisieren.

Die Abbildung 5.3 zeigt schematisch den vereinfachten Trassenverlauf der Gemeinschaftsleitung (GML) der untersuchten 110-kV- und 380-kV-Freileitungen, die auf den Gemeinschaftsgestängen zusammengeführt sind. Die Gesamtlänge der gebündelten Leitungen (Abbildung 5.3, zwei rot markierte Teilabschnitte, 10 Kilometer und 10,5 Kilometer) beträgt 21 Kilometer. Anhand der Berechnungsergebnisse ist eine Variante der Phasenanordnung an einer Mastkonstruktion ausgewählt, welche in der Abbildung A.1, Anhang A dargestellt ist. Anhand der Berechnungsergebnisse ist festgestellt worden, dass die kapazitive Beeinflussung durch das elektrische Feld der Leiter-Erde-Spannungen vernachlässigt werden kann. Die durch die kapazitive Beeinflussung hervorgerufenen Ströme $\underline{I}_{\mathrm{BQ}}$ (Gleichung 3.9) in den 110-kV-Leitern liegen bei den betrachteten Mastkonfiguration unter dem Wert von 0,5 A/km. Die prospektiven induzierten Ströme $\underline{I}_{\mathrm{BV}}$ (Gleichung 3.11) in den 110-kV-Leitern sind sehr stark von der Phasenanordnung der 380-kV-Freileitung abhängig. Der Unterschied zwischen den einzelnen induzierten Leiterströmen im Dauernormalzustand kann mehr als das Zehnfache betragen (vgl. 329 A gegenüber 32 A) [53].

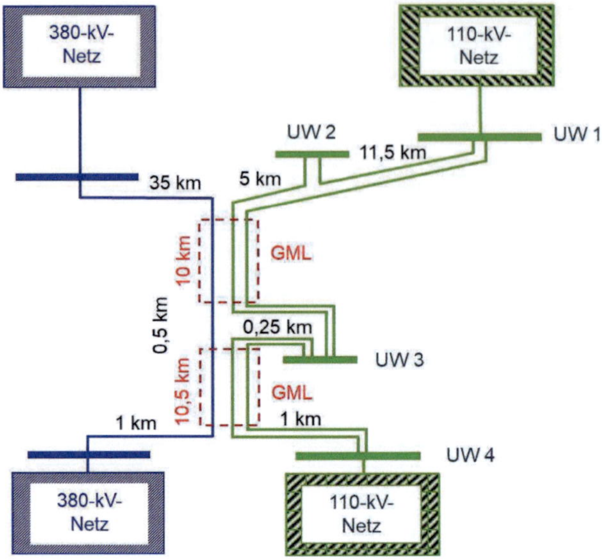

Abb. 5.3: Übersichtsplan zum Trassenverlauf der gebündelten Freileitungen auf gemeinsame Gestänge

Als Folge der Beeinflussung durch das 380-kV-Netz bei den mitgeführten 110-kV- und 380-kV-Freileitungen sind die Erhöhung der Spannungsverlagerung und die Änderung der Erdschlussströme im erdschlusskompensierten Netz zu erwarten (siehe Kapitel 3.7.3).

Wie im Kapitel 3.4 erläutert, spielen der durch die kapazitive Beeinflussung induzierte Strom $\underline{I}_{\mathrm{BQ}}$ und entsprechend die kapazitiv beeinflusste Spannung $\underline{U}_{\mathrm{BC}}$ eine entscheidende Rolle bei der Verschiebung der Spannungsverlagerung.

Nach den Berechnungsergebnissen erreichte die Spannungsverlagerung im 110-kV-Netz den Wert von 15 Prozent bei gleichzeitiger Reduzierung des Erdschlussstromes im normalen Betriebszustand des 380-kV-Netzes. Der ungünstigste Fehlerfall im 380-kV-Netz rief eine Spannungsverlagerung im 110-kV-Netz über 104 Prozent der Leiter-Erde-Nennspannung hervor. Der Richtwert der Spannungsverlagerung ist damit deutlich überschritten. Durch die Optimierung der Leiteranordnung des beeinflussenden 380-kV-Netzes können die Erdschlussströme im 110-kV-Netz mit Erdschlusskompensation wesentlich minimiert werden. Beim Vergleich der verschiedenen Varianten der Leiterpositionen der 380-kV-Leiter ist festgestellt worden, dass die Reduzierung des Erdschlussstroms bis 80 Prozent betragen kann [53]. Eine Reduzierung der unerwünschten Beeinflussung durch das 380-kV-Netz kann durch einige Maßnahmen erfolgen, die in den folgenden Kapiteln näher betrachten werden.

5.5.1 Maßnahmen zur Reduzierung der unerwünschten Beeinflussung

Eine sehr wirksame Maßnahme zur Verringerung der durch den Einfluss der 380-kV-Freileitungen verursachten Spannungsverlagerung im gelöschten 110-kV-Netz ist die Verdrillung der Leitung in dem beeinflussenden 380-kV-Netz.

Einige Ergebnisse der Voruntersuchungen für das Netz in der Abbildung 5.3 sind in [17, 53] veröffentlicht. In [53] ist gezeigt, dass durch die Verdrillung der beeinflussenden 380-kV-Systeme die Spannungsverlagerung im 110-kV-Netz deutlich reduziert werden kann. Im Weiteren wird ausführlicher über die Verdrillung der 380-kV-Freileitung diskutiert.

Eine andere Maßnahme zur Reduzierung der Spannungsverlagerung ist die korrekte Einstellung von Erdschlusslöschspulen im 110-kV-Netz [16, 17]. Weiterfolgend werden die Ergebnisse der Anwendung der Erdschlusslöschspule dargestellt und es wird über die Effizienz der Verwendung von lokaler Kompensation im 110-kV-Netz diskutiert. In [16, 53] ist festgestellt worden, dass für die korrekte Bewertung der durch die benachbarten 380-kV-Freileitungen verursachten Spannungsverlagerung die Berücksichtigung aller Kapazitäten im beeinflussten 110-kV-Netz notwendig ist.

Weitere mögliche Maßnahmen zur Reduzierung der erhöhten Spannungsverlagerung im 110-kV-Netz sind die Erhöhung der Leitfähigkeit des Erdbodenreiches bzw. die Reduzierung des Erdbodenwiderstandes unter der Freileitung. Bei den Berechnungen ist festgestellt worden, dass die Reduzierung des Erdbodenwiderstandes (z. B. von 100 Ohm·m auf 0,1 Ohm·m) zu einer unsignifikanten Reduzierung der Spannungsverlagerung (Reduzierung um 6 Prozent) führt.

Varianten der Maßnahmen zur Reduzierung der Beeinflussungen

A. Verdrillung der 380-kV-Leiter

Für das Netz mit den gebündelten Leitungen (siehe Abbildung 5.3) werden die Beeinflussungswirkungen auf die 110-kV-Freileitung durch eine Verdrillung der 380-kV-Stromübertragungssysteme untersucht.

Die 380-kV-Stromkreise werden, wie in Kapitel 3.5 gezeigt, bei der Modellbildung in die vier Teilstrecken aufgeteilt und verdrillt.

Bei der Untersuchungen werden mehrere Varianten der Verdrillung der 380-kV-Leitung (Abbildung 5.3) betrachtet:

- Verdrillung der 10-km-Strecke

- Verdrillung der 57-km-Strecke (Gesamtlänge der 380-kV-Freileitung)
- Verdrillung der 21-km-Strecke (Gesamtlänge der gebündelten Leitung)
- Verdrillung der 10-km-Strecke und Verdrillung der 10,5-km-Strecke

Die Ergebnisse der durchgeführten Berechnungen für die Spannungsverlagerung im 110-kV-Netz, beispielweise im Knotenpunkt UW3 (siehe Netzbild 5.3) sind für alle betrachteten Verdrillungsvarianten in der Abbildung 5.4 dargestellt. In der Abbildung 5.4 ist der geforderte Grenzwert von 10 Prozent der Leiter-Erde-Nennspannung kennzeichnet, welcher für 110-kV-Netz mit Erdschlusskompensation im Normalbetrieb nicht überschritten werden darf [18].

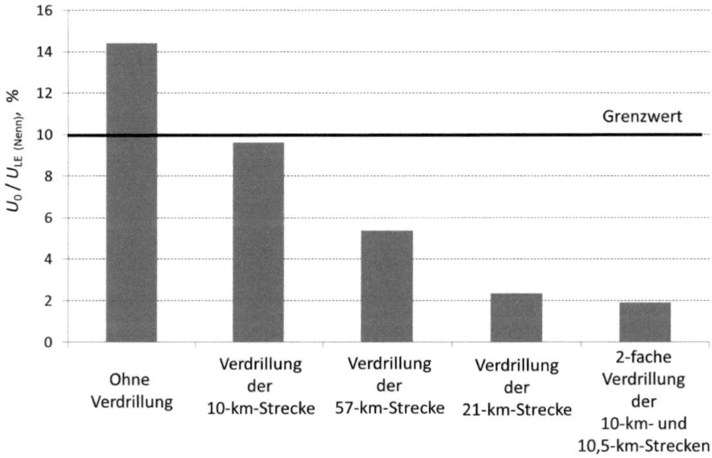

Abb. 5.4: Spannungsverlagerung im Vergleich zu den unterschiedlichen Verdrillungsvarianten der 380-kV-Stromübertragungssysteme für UW3

In der Abbildung 5.4 ist zu sehen, dass die Verdrillung der 380-kV-Stromkreise die Sternpunktverlagerung im unbeeinflussten 110-kV-Netz deutlich (um über 35 Prozent) reduziert. Bei der 2-fachen Verdrillung der 10-km-GML und 10,5-km-GML ist die Beeinflussung noch geringfügiger (Reduzierung um über 85 Prozent). Da die Variante der 2-fachen Verdrillung der 380-kV-Stromkreise in der Praxis umständlich und kostenintensiv ist, bleibt die Verdrillung der 21-km-Strecke (Gemeinschaftsleitung) als eine gute Maßnahme zur Reduzierung der Spannungsverlagerung im 110-kV-Netz. Der Maximalwert der berechneten Spannungsverlagerung erreicht in dem Fall den Wert von 2 Prozent. In den weiteren Untersuchungen wird die Verdrillung der 380-kV-Leitung auf der Gesamtlänge der gebündelten Leitung (21 Kilometer) betrachtet.

Bei der Simulation der Fehlervorgänge im 380-kV-Netz (3-polige und 1-polige Kurzschlüsse) wurde erwartungsgemäß die Reduzierung der Spannungsverlagerung und der Erdschlussstromwerte durch die Verdrillung der 380-kV-Stromkreise erreicht. Es wurde eine Reduzierung der 110-kV-Spannungsverlagerungswerte bei 3-poligen Kurzschlüssen im 380-kV-Netz auf die Werte von ca. 4,5 Prozent oder auch auf ca. ein Drittel der ursprünglichen Werte erreicht. Die Spannungsverlagerungswerte bei 1-poligen Kurzschlüssen im 380-kV-Netz wurden weniger reduziert.
Die Verdrillung der 380-kV-Leitungen führte auch zu einer Reduzierung und Symmetrierung der Erdschlussstromwerte im 110-kV-Netz für die einzelnen Phasenleiter.
Die Überlagerung der Fehlervorgänge im 380-kV-Netz (z. B. 3-polige) mit den Erdschlüssen im 110-kV-Netz beeinflusst kaum die Erdschlussstromwerte sowohl mit als auch ohne Verdrillung im 380-kV-Netz. Die gleichzeitige Entstehung solcher Fehlervorgänge erhöht aber drastisch die Doppelerdschlussstromwerte im 110-kV-Netz. Die Verdrillung der 380-kV-Leitung ermöglicht eine erhebliche Reduzierung der Doppelerdschlussströme im 110-kV-Netz.

B. Optimierung der Einstellwerten der Erdschlusslöschspule

Vereinfachte Darstellung des 110-kV-Netzes mit Erdschlusslöschspulen und äquivalenten Kapazitäten. In diesem Punkt wird für die vereinfachte Betrachtung der Beeinflussung des 380-kV-Netzes auf die Spannungsverlagerung im 110-kV-Netz nur die Strecke der zusammengeführten Freileitungen auf dem Gemeinschaftsgestänge betrachtet. Die Abbildung 5.5 zeigt die vereinfachte Darstellung als ein Ersatzschaltbild des 110-kV-Netzes. Dafür werden vier Netzknoten mit zwei Erdschlusslöschspulen in den Knotenpunkten UW1 und UW4 modelliert (Abbildungen 5.3, 5.5).

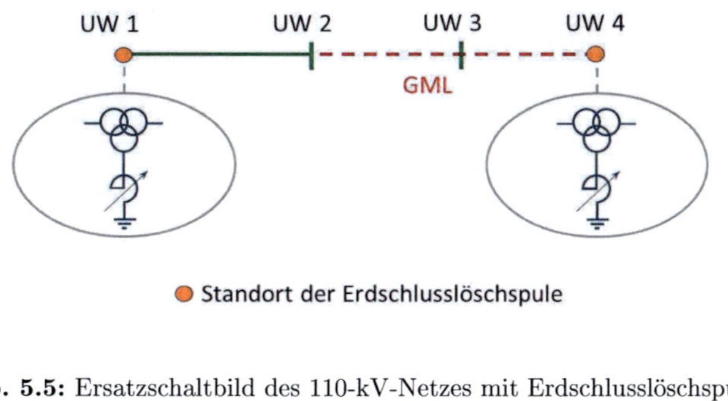

Abb. 5.5: Ersatzschaltbild des 110-kV-Netzes mit Erdschlusslöschspulen

Die äquivalenten Leiter-Erde-Kapazitäten werden im Ersatzschaltbild in den Knoten UW1 und UW4 berücksichtigt. Die Einstellwerte der Erdschlusslöschspulen werden unter Berücksichtigung der charakteristischen Werte der Restströme (ca. 75 A) in dem untersuchten 110-kV-Netz ausgewählt. Das äquivalente 380-kV-Netz ist analog dem 110-kV-Netz mit zwei Knotenpunkten modelliert.

Die Ergebnisse der Simulationen sind in der Abbildungen 5.6 und 5.7 dargestellt.

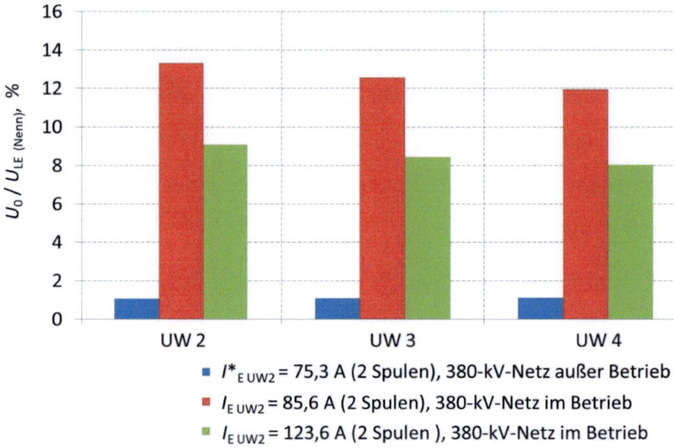

Abb. 5.6: Spannungsverlagerung im vereinfachten 110-kV-Netz

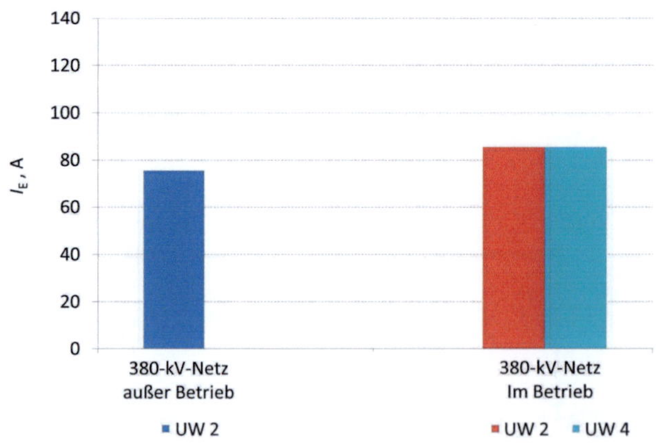

Abb. 5.7: Erdschlussstrom im vereinfachten 110-kV-Netz

Wie in der Abbildung 5.6 zu sehen ist, verursacht das 380-kV-Netz die Erhöhung der Spannungsverlagerung im 110-kV-Netz. Der zulässigen Grenzwert der Spannungsverlagerung 10 Prozent wird überschritten. Durch die Änderung der Parameter der E-Spule kann die Reduzierung der Spannungsverlagerung erreicht werden. Jedoch ist der mögliche Regelbereich der Erdschlusslöschspule durch den Anstieg des Erdschlussreststromes im Netz bis zum Grenzwert von 132 A begrenzt.

Präzisierte Darstellung des Netzes mit verteilten Erdschlusslöschspulen und Kapazitäten.

Das zu untersuchende reale 110-kV-Netz enthält neun Erdschlusslöschspulen, die sich an den Netzknoten UW5 – UW 13 befinden (Abbildung 5.8). Die Erdschlusslöschspule im Knoten UW1 ist die optionale Kompensationsanlage, die noch nicht am Netz angeschlossen ist. Für die präzisierte Betrachtung der Kapazitäten der verbleibenden 110-kV-Freileitungen wurden fünf äquivalente Kapazitäten an den Netzknoten modelliert. Die äquivalente Kapazitäten sind direkt mit den übrigen Freileitungen verbunden (Abbildung 5.8).

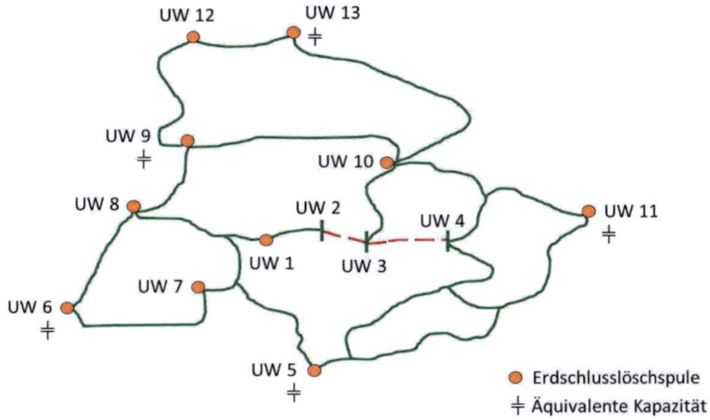

Abb. 5.8: Präzisierte Darstellung des Netzes mit lokalen Kompensationsanlagen und verteilten äquivalenten Freileitungskapazitäten

Die Abbildungen 5.9 und 5.10 zeigen die Ergebnisse der Berechnungen für das 110-kV-Netz. Wie in der Abbildung 5.9 zu sehen ist, verursacht der Betrieb der 380-kV-Leitung eine Spannungsverlagerung von über 14 Prozent im Knotenpunkt UW2, welcher unmittelbar im Bereich der gebündelten Leitungen liegt. Aufgrund des galvanisch zusammenhängenden Netzes ergibt sich kein großer Unterschied zwischen den Werten der Spannungsverlagerung im Gesamtnetz. Bei der Anschaltung der Erdschlusslöschspule im Knotenpunkt UW1 reduziert sich die Spannungsverlagerung auf einen Wert unter die zulässige Grenze von 10 Prozent in allen Knotenpunkten des betrachteten 110-kV-Netzes (dritte in grün und vierte in lila Balken, Abbildung 5.9).

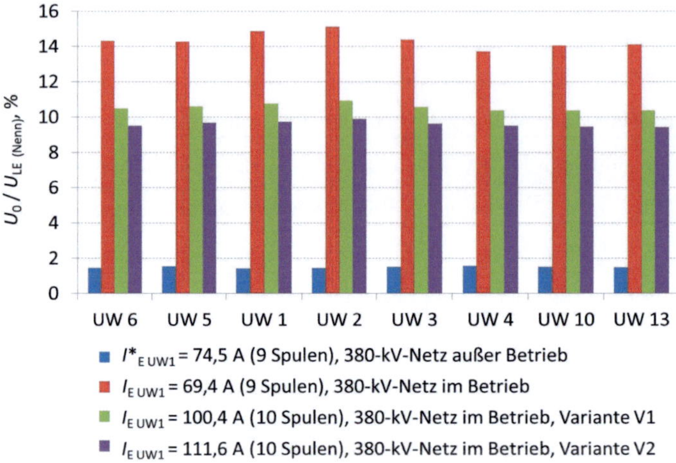

Abb. 5.9: Berechnete Spannungsverlagerung für das Netz mit verteilten lokalen Kompensationseinrichtungen und verteilten äquivalenten Kapazitäten

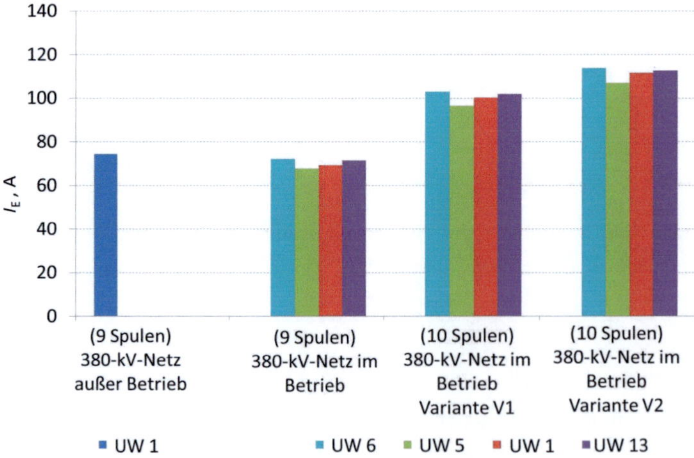

Abb. 5.10: Erdschlussstrom für das Netz mit verteilten lokalen Kompensationseinrichtungen und verteilten äquivalenten Kapazitäten

In den Abbildungen 5.9 und 5.10 sind die Berechnungsergebnisse für zwei Varianten der Einstellwerte der Erdschlusslöschspule an dem Knotenpunkt UW 1 dargestellt (Variante V1: $I_{\mathrm{E\ UW1}} = 100{,}4$ A, $L = 5{,}2$ H; Variante V2: $I_{\mathrm{E\ UW1}} = 111{,}6$ A, $L = 3{,}9$ H).
Wie zu erwarten ist, nehmen durch die Verringerung der Spannungsverlagerung die Erdschlussströme im 110-kV-Netz zu (siehe V1 und V2 in den Abbildungen 5.9 und 5.10). Die Abbildung 5.10 zeigt auch den höheren Annstieg der Erdschlussströme in den Knotenpunkten UW 5, UW 6 und UW 13, welche sich nicht in unmittelbarer Nähe der gebündelten Freileitungen befinden.

Effizienz der Verwendung von Erdschlusslöschspulen. Aus den vorgestellten Berechnungsergebnissen des Abschnittes B kann geschlossen werden, dass die Reduzierung der Spannungsverlagerung im untersuchten 110-kV-Netz durch eine lokale Kompensationsanlage in den betrachteten Fällen prinzipiell möglich ist. Dabei ist die Positionierung der E-Spule nahe des Beeinflussungsortes (Strecke mit gebündelten Leitungen) von Vorteil.
Die Untersuchungen zeigen jedoch, dass die praktischen Möglichkeiten der Verwendung von lokalen Kompensationsanlagen zur Reduzierung der Spannungsverlagerung sehr begrenzt sind.
Wie aus den vorgestellten Berechnungsergebnissen hervorgeht, betragen die berechneten Erdschlussreststromwerte etwa 120 A oder etwa 91 Prozent des maximal zulässigen Wertes von 132 A. Die Gesamtlänge der Strecke mit Gemeinschaftsleitung beträgt ca. 21 Kilometer oder nur ca. 0,7 Prozent der Gesamtlänge der 110-kV-Leitungen im untersuchten Netz. Das bedeutet, dass eine geringfügige Verlängerung der gebündelten Leitungen oder eine Änderung des Betriebszustandes des 380-kV-Netzes zur Verletzung von festgelegten Betriebsvorschriften führen kann. Es ist zu beachten, dass der maximal zulässige Wert von 132 A für den Erdschlussreststrom als Effektivwert definiert ist.
In realen elektrischen Netzen können Erdschlussströme harmonische Komponenten enthalten. In [108] wird empfohlen, die harmonischen Anteile von Erdschlussströmen in 110-kV-Netzen mit 25 bis 80 A zu berücksichtigen. Das bedeutet, dass im 110-kV-Netz die Grenzwerte für die Erdschlussrestströme bei der Grundfrequenz von 50 Hz auf 129 bis 105 A reduziert werden müssen.
Änderungen der Betriebsspannungen in den 110-kV-Netzen bewirken Änderungen der voraussichtlichen Werte der Erdschlussströme im Netz. Änderungen der Wetterbedingungen verursachen die Veränderungen der Korona- und Leckverluste in den Freileitungen bzw. Änderungen des tatsächlichen Dämpfungfaktors. Alle diese Effekte haben einen Einfluss auf

die Auswahl der zulässigen Einstellwerte für lokale Erdschlusslöschspulen im Netz, welche gebündelte Leitungen enthalten [17]. Faktoren, die die maximal zulässigen Werte von Erdschlussrestströmen begrenzen, sind in [19, 108] ausführlich behandelt.

Unter Berücksichtigung der Erdschlussschutzanforderungen und Netzbetriebsregeln kann gefolgert werden, dass lokale Kompensationsanlagen nicht immer in der Lage sind, die beeinflusste Spannungsverlagerung auf den zulässigen Wert zu reduzieren.

C. Einsatz von beiden Maßnahmen

Wie bereits oben erwähnt, sind die Verdrillung der 380-kV-Gemeinschaftsleitungen und die korrekte Einstellung der Erdschlusslöschspulen im 110-kV-Netz wichtige Maßnahmen zur Reduzierung der unerwünschten Beeinflussungen im 110-kV-Netz.

Die Abbildung 5.11 fasst die berechneten Ergebnisse der Spannungsverlagerungswerte bei Einsatz beider Maßnahmen zusammen. Aus der Abbildung ist zu sehen, dass die Spannungsverlagerungswerte im Fall der verdrillte 380-kV-Leitungen deutlich unter dem Grenzwert liegen (Abbildung 5.11, zweiter und vierter Balken). Auch die Anwendung der optimierten Einstellung der Erdschlusslöschspulen im 110-kV-Netz trägt zur Reduzierung der beeinflussten Spannungsverlagerung bei, alleine ist diese Maßnahme jedoch nicht ausreichend. Die hellere Bereiche im dritten und vierten Balken der Abbildung 5.11 stellt den Regelbereich der Spulen dar.

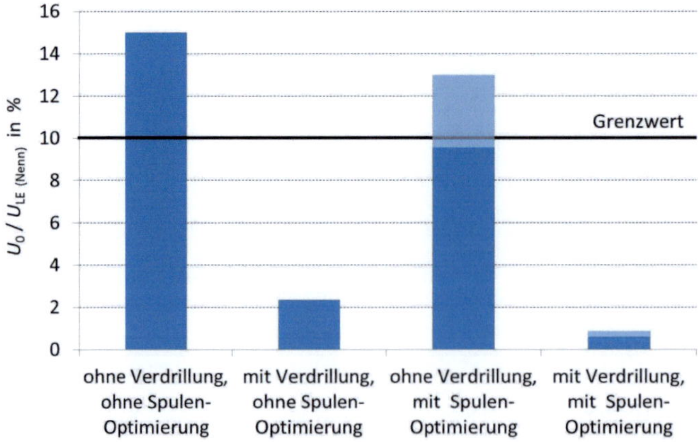

Abb. 5.11: Einsatz von Maßnahmen zur Reduzierung der Spannungsverlagerung im 110-kV-Netz

Aus den Berechnungsergebnissen kann geschlussfolgert werden, dass die Verdrillung der 380-kV-Stromkreise der Gemeinschaftsleitung zur Reduzierung der Beeinflussungen auf das 110-kV-Netz zu empfehlen ist.

5.5.2 Fehlerzustände

Als Fehlerzustände im 380-kV-Netz werden 1-polige sowie 3-polige Kurzschlüsse in den zwei Knotenpunkten des 380-kV-Netzes (Abbildung 5.3) betrachtet. Der Gesamtcharakter der 380-kV-seitigen Beeinflussung bleibt auch im Fehlerfall ähnlich dem Beeinflussungscharakter im Normalbetriebszustand (siehe Abbildungen 3.9, 3.10 im Kapitel 3.7.3). Die Beträge der Leiter-Erde-Spannungen werden aber im Fehlerfall deutlich größer.

Eine klare Folge des Fehlervorganges ist die weitere Erhöhung der Spannungsverlagerung im 110-kV-Netz. Der Richtwert von 10 Prozent wird deutlich überschritten.

Bei 1-poligen Kurzschlüssen im 380-kV-Netz haben die Spannungsverlagerungswerte im 110-kV-Netz den Wert von 35 Prozent erreicht. Der Eintritt eines Erdschlusses im 110-kV-Netz während des 1-poligen Kurzschlusses wird durch die um bis zu ca. 20 A erhöhten Erdschlussstromwerte charakterisiert.

Bei 3-poligen Kurzschlüssen im 380-kV-Netz befinden sich die meisten Spannungsverlagerungswerte im 110-kV-Netz im Bereich unter 4 Prozent.

Der Eintritt eines Erdfehlers im 110-kV-Netz während des 3-poligen Kurzschlusses im 380-kV-Netz verursacht die Erhöhung der Spannungsverlagerungswerte im 110-kV-Netz bis zu ca. 107 Prozent. Die Erdschlussstromwerte beim Eintritt eines Erdschlusses während des 3-poligen Kurzschlusses im 380-kV-Netz unterscheiden sich kaum von den Erdschlussstromwerten im fehlerfreien 380-kV-Netz unter der Nennbelastung.

Bei zeitgleichen Erdschlüssen an zwei Orten des 110-kV-Netzes während des 3-poligen Kurzschlusses im 380-kV-Netz werden die Spannungsverlagerungswerte durch die Überlagerung zweier Erdschlüsse kaum zusätzlich beeinflusst. Die Erdschlussstromwerte werden erwartungsgemäß markant (bis zu 350 A) erhöht.

Zum ergleich werden auch die Berechnungen für die zeitgleichen Erdschlüsse an zwei Orten des 110-kV-Netzes für die fehlerfreien Betriebszustände der 380-kV-Freileitung durchgeführt. Die berechneten Spannungsverlagerungswerte erreichen Zahlenwerte bis zu ca. 104 Prozent. Die Erdschlussstromwerte überschreiten zum Teil die Werte von ca. 250 A.

Es ist festgestellt, dass ein zeitgleicher Eintritt zweier Erdschlüsse in den gleichen Phasenleitern hinsichtlich der Beeinflussungen der 380-kV-Freileitung auf die Erdschlussstromwerte

ein Worst-Case-Szenario darstellt. Der Grund dafür sind die über das Erdreich geschlossenen Stromkreise mit der direkten galvanischen Verbindung der Erdschlussstellen über die Leiter-Impedanz. Die über das Erdreich geschlossenen Stromwege mit den Leiter-Impedanzen werden auch im Falle der Durchführung der Arbeiten an der 110-kV-Leitung gebildet, da die entsprechenden Stromkreise für die Durchführung der Arbeiten beidseitig geerdet werden.
Auf der Basis der Untersuchungen in [53] wird festgestellt, dass Betriebs- und Fehlervorgänge im 110-kV-Netz keinen Einfluss auf Betrieb des 380-kV-Netzes haben. Die Löschfähigkeit des 110-kV-Netzes im Erdschlussfalle wird durch die Beeinflussung der 380-kV-Freileitungen nicht gefährdet.

5.5.3 Leerlaufbetrieb der 110-kV-Freileitungen in der Gemeinschaftsleitung

Zur weiteren Untersuchung der Beeinflussung der zusammengeführten Leitungen wird ein Fall betrachtet, bei dem sich die 110-kV-Leitungen im Leerlaufzustand befindet. Dieser Zustand gewährleistet z. B. die Durchführung der Wartung oder Instandsetzung der Leitung. Dafür werden die Beanspruchungen der Schaltgeräte (Trenner, Erdungstrenner), die für die Erdung der zusammengeführte 110-kV-Leitung verwendet werden, analysiert. Es wird vorausgesetzt, dass die 110-kV-Leiter vom restlichen 110-kV-Netz abgeschaltet (anhand von Leistungsschaltern) und an den Umspannwerken beidseitig geerdet (anhand von Erdungstrenner) sind. Im geerdeten Zustand können die durch die Beeinflussung der 380-kV-Freileitungen durch die Stromschleifen über das Erdreich verursachten Ströme fließen.
Nach IEC 62271-102 wird das Schaltvermögen eines Erdungsschalters (hier Erdungstrenner) durch zwei Bemessungswerte für eingekoppelte Ströme charakterisiert [109]:

- Strom der elektromagnetischen Kopplung,
- Strom der elektrostatischen Kopplung.

Die Abbildung 5.12 charakterisiert schematisch die zwei Fälle des Stromflusses der induktiv eingekoppelten und kapazitiv eingekoppelten Ströme in der 110-kV-Leitungen.
In [109] ist festgelegt, dass der Strom der elektromagnetischen Kopplung durch den Erdungsschalter fließt, wenn die Freileitung unter Beeinflussung steht und beidseitig geerdet wird. Der Strom der elektrostatischen Kopplung fließt durch den Erdungsschalter, wenn die Freileitung unter Beeinflussung steht und nur einseitig geerdet wird.
In [109, 110] werden die Standardwerte für die induktiv und kapazitiv eingekoppelten Ströme eines Erdungsschalters in Abhängigkeit von der Bemessungsspannung angegeben. Die Referenzbemessungswerte für eingekoppelte Ströme eines Erdungsschalters (Klasse A) mit der

Bemessungsspannung von 123 kV betragen nach [109] 50 A für elektromagnetisch bzw. induktiv eingekoppelten Strom und 0,4 A für elektrostatisch bzw. kapazitiv eingekoppelten Strom.

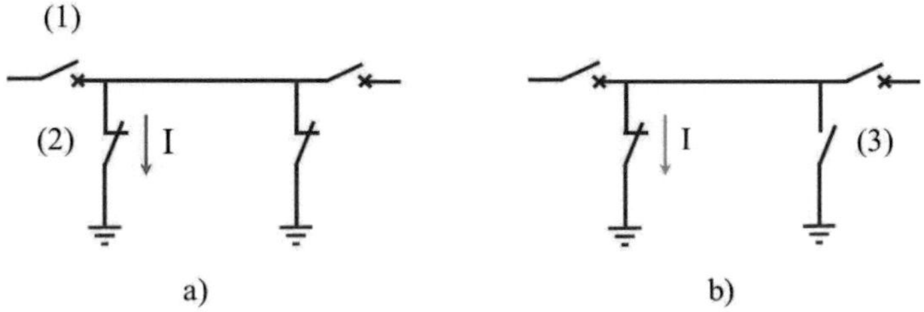

Abb. 5.12: Stromfluss der a) elektromagnetisch und b) elektrostatisch eingekoppelten Ströme. (1) Leistungsschalter ausgeschaltet, (2) Erdungstrenner geschlossen, (3) Erdungstrenner geöffnet

Nach den Berechnungsergebnissen erreichten die durch die Beeinflussung verursachten induktiven Ströme bei Nennbetrieb der 380-kV-Leitungen den Bemessungswert des elektromagnetisch eingekoppelten Stromes von bis zu ca. 173 A. Die kapazitiv influenzierten Ströme liegen unter dem maximalen Wert von 2,9 A je Trenner bei allen betrachteten Zuständen. Die berechneten Werte überschreiten die entsprechenden Standardwerte.

Es sei angemerkt, dass die 110-kV-Schaltgeräte (Leistungsschalter, Leitungstrenner, Erdungstrenner) in der Lage sein sollen, die induzierte Ströme beim Leerlaufbetrieb der 110-kV-Freileitungen zu unterbrechen. Dafür kann anstelle des Trenners beispielsweise ein Leistungsschalter eingesetzt werden, dessen Bemessungs-Freileitungs-Ausschaltstrom höher und dessen Ausschaltevermögen besser ist. Basierend auf den Empfehlungen des Autors wurde solche Lösung in einem realen Netz angewendet. Die Leistungsschalter wurden anstelle von Trennern installiert.

5.5.4 Berührungsspannung

Bei Arbeiten an einer Leitung sollen die unzulässigen Berührungsspannungen vermieden werden. Wie im Kapitel 2.2 beschrieben, ist der maximal zulässige Wert der Berührungsspannung auf 50 V begrenzt. Mithilfe der vorgeschlagenen Methodik wird die zu erwartende Höhe der Berührungsspannungen bei Arbeiten an einem abgeschaltetem System der 110-kV-Leitung ermittelt. Dabei befinden sich sowohl das zweite System der 110-kV-Leitung als auch beide

Systeme der 380-kV-Leitung der gebündelten Strecke in Betrieb (siehe Leiteranordnung in der Abbildung A.1, Anhang A).

In der Abbildung 5.13 sind die ermittelten Werte der Berührungsspannungen bei Arbeiten an einem abgeschalteten System der 110-kV-Leitung für den fehlerfreien Zustand des 380-kV-Netzes und den 3-poligen Kurzschluss in beiden Systemen des 380-kV-Netzes dargestellt. Dabei wird zwischen einer nicht verdrillten und einer auf der gebündelten 21-km-Strecke (Kapitel 5.5.1) verdrillten 380-kV-Leitung unterschieden. Die Ergebnisse zeigen, dass sich die Berührungsspannungen im Fall der verdrillten 380-kV-Leitungen verringern und diese im normalen Betriebszustand der benachbarten 380-kV-Leitungen unter dem eingezeichneten Grenzwert liegen. Unabhängig von dem Vorhandensein einer Verdrillung der 380-kV-Leitungen verursacht der 3-polige Kurzschluss im 380-kV-Netz immer eine Überschreitung des zulässigen Grenzwertes der Berührungsspannung von 50 V. Im Falle des 3-poligen Kurzschlusses in nur einem System der 380-kV-Leitung (anderes System der 380-kV-Leitung ist außer Betrieb) reduziert sich die Berührungsspannung auf einen Wert von 41 V.

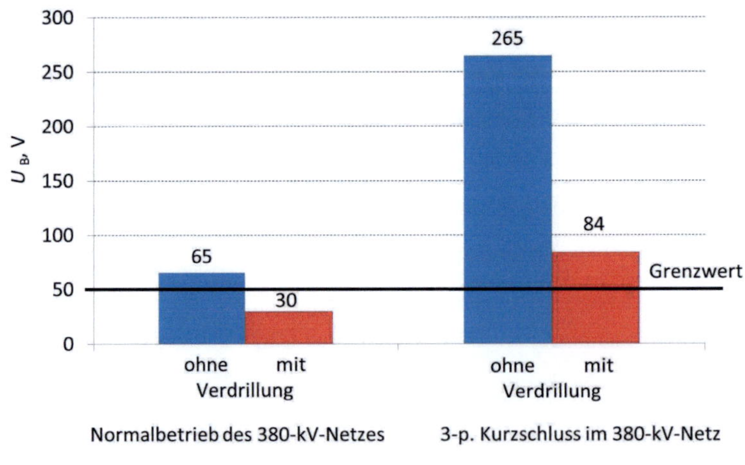

Abb. 5.13: Berührungsspannungen bei Arbeiten an der 110-kV-Leitung bei dem fehlerfreien Zustand des 380-kV-Netzes und beim 3-poligen Kurzschluss im 380-kV-Netz mit und ohne Verdrillung der 380-kV-Leitung

Mit der entwickelten Methode ist es möglich, unterschiedliche Störfälle, z. B. Kurzschlüsse verschiedener Art oder auch das Abfällen von Leitern mit/ohne Kontakt zum abgeschalteten System, zu simulieren. Die Berechnungsergebnisse zeigen, dass das Abfallen des 380-kV-Leiterseils mit direktem Kontakt zur 110-kV-Leitung einen besonders kritischen Fall darstellt.

Hier können die Berührungsspannungen ca. 3,1 kV betragen. Das Abfallen des Leiters stellt damit den kritischsten Fall (Worst-Case) für die Berührungsspannung in dem 110-kV-Netz dar, da das abgerissene Leiterseil eines Systems des 380-kV-Netzes auf der gleichen Mastseite auf der abgeschalteten 110-kV-Leitung liegt. Die Höhe der Berührungsspannungen ist stark von der räumlichen Positionen der vom Kurzschluss betroffenen Leiter abhängig.

Als eine mögliche Maßnahme zur Reduzierung der unzulässigen Berührungsspannungen dient die Senkung des Ausbreitungswiderstandes der Masten. Die Abbildung 5.14 zeigt die Berechnungsergebnisse der Berührungsspannung bei dem geänderten Mastausbreitungswiderstand des Gemeinschaftsmastes (R_{Mast} von 2,1 Ohm bis 0,2 Ohm). In Abbildung 5.14 ist zu sehen, dass die Reduzierung des Ausbreitungswiderstandes zu einer deutlichen Senkung der Berührungsspannung führen kann.

Als eine weitere Maßnahme zu Verringerung der Berührungsspannung wird eine Senkung des spezifischen Bodenwiderstandes ρ_{E} betrachtet. Die Ergebnisse haben gezeigt, dass diese Maßnahme eine reduzierende Wirkung auf die Berührungsspannung hat, die Effizienz ist aber nicht ausreichend.

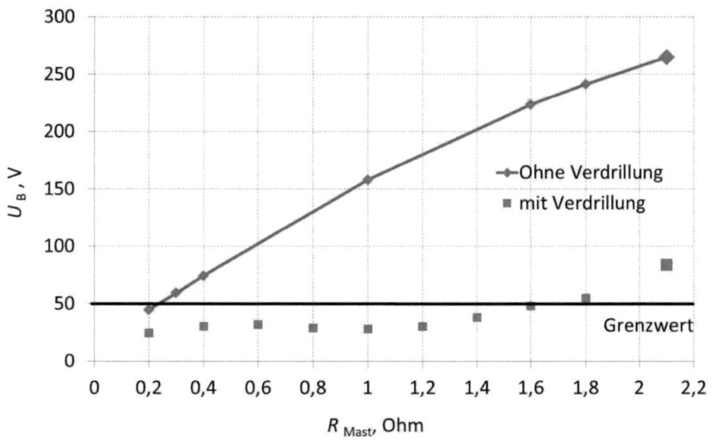

Abb. 5.14: Berührungsspannung in Abhängigkeit von der Änderung des Mastausbreitungswiderstandes des Gemeinschaftsmastes beim 3-poligen Kurzschluss im 380-kV-Netz

Als weitere Maßnahmen zur Reduzierung der Berührungsspannung gelten nach Norm EN-50341 [10]: Verwendung von Langstab- oder Vollkernisolatoren; Verwendung von Isolatoren, deren Isolationsgüte durch Inspektion erkannt werden kann (z. B. Kappenisolatoren aus Glas); Isolierung des Standortes; Potenzialsteuerung usw.

Die berechneten Körperstromwerte bei Arbeiten an dem abgeschalteten System der 110-kV-Leitung sind in der Abbildung A.27 im Anhang A dargestellt. Nach [56] ist der Körperstrom bis zu 50 mA bei der Fehlerdauer unter 10 Sekunden als ungefährlich eingestuft. Bei den normalen Betriebsbedingungen des 380-kV-Netzes (im Falle der verdrillten 380-kV-Leitungen) lag die Höhe des berechneten Körperstromes unterhalb des Grenzwertes von 50 mA. Im Falle des 3-poligen Kurzschlusses im 380-kV-Netz überschritt der berechnete Körperstrom den Wert von 50 mA.

Fazit zum Kapitel 5.5:

Durch die Beeinflussung des 380-kV-Netzes entsteht eine Erhöhung der Sternpunktverlagerung im kompensierten 110-kV-Netz. Der Wert der Spannungsverlagerung kann den festgelegten Grenzwert überschreiten. Anhand von Maßnahmen wie der Verdrillung der beeinflussenden 380-kV-Leitungen und denr entsprechenden Auswahl der Einstellungen der E-Spulen kann diese Erhöhung reduziert werden, wobei die Verdrillung der 380-kV-Stromkreise als eine signifikante und effiziente Maßnahme zur Reduzierung der Spannungsverlagerung gilt. Beim Leerlaufbetrieb der 110-kV-Freileitungen können die durch den Betrieb der 380-kV-Freileitung verursachten Ströme in den 110-kV-Stromkreisen hohe Werte erreichen. Die Fehlervorgänge im 380-kV-Netz verursachen ebenfalls die Vergrößerung der Spannungsverlagerung im 110-kV-Netz, die im ungünstigsten Fall in dem hier gewählten Beispiel über 35 Prozent der Leiter-Erde-Nennspannung liegen kann.

Die Berührungsspannungen bei Arbeiten an dem abgeschalteten 110-kV-Leiterseil im betrachteten Fall der verdrillten 380-kV-Leitung und bei dem fehlerfreien Zustand des 380-kV-Netzes überschreiten den Grenzwert nicht. Im Störfall des 380-kV-Netzes, insbesondere bei direktem elektrischen Kontakt der 380- und 110-kV-Leiterseile, können die Berührungsspannungen einen unzulässig großen Wert erreichen. Auch beim Kurzschluss kann die Verdrillung des beeinflussenden Netzes die Berührungsspannung signifikant reduzieren.

5.6 Gemeinschaftsleitung 380-kV-Freileitung (50 Hz) und ±500-kV-Freileitung (DC) (Hybridleitung)

Bei den kombinierten Drehstrom- und Gleichstrom-Freileitungen (AC-DC-Hybridleitungen) entstehen wie in oben gezeigten Varianten der gebündelten Leitungen ebenfalls Wechselwirkungen, die den Leitungsbetrieb störend beeinflussen können. Der Charakter der Wechselwirkungen zwischen den benachbarten Stromkreisen ändert sich, da die Leitersysteme der Stromübertragungsnetze mit den unterschiedlichen Betriebs- und Aufbaumerkmalen (50-Hz-Netze und DC-Netze) räumlich sehr nah zueinander bzw. an den Gemeinschaftsgestängen positioniert werden. Die betrachtete Bündelungsoption entspricht der Variante 2 aus dem Kapitel 5.2 (siehe Tabelle 2.1).

In diesem Kapitel werden neben unterschiedlichen Ausgestaltungsmöglichkeiten hinsichtlich des Mastdesigns und der Leiteranordnungen auch die gegenseitigen induktiven, kapazitiven und galvanischen Beeinflussungen der HöS-Drehstromsysteme und der HGÜ-Systeme im Normal- sowie Fehlerfall inkl. Aspekte der Betriebsführung analysiert.

Die Abbildung 5.15 zeigt schematisch die Netzkonfiguration mit einer Hybridleitung.

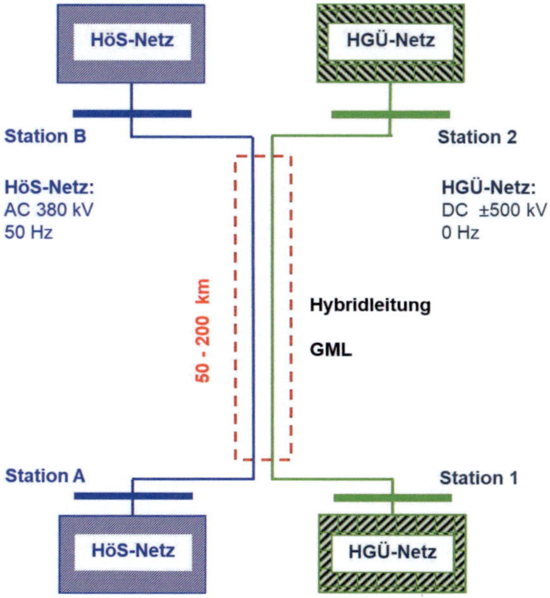

Abb. 5.15: Netzkonfiguration mit der Hybridleitung

Eine der Verbindungen wird durch eine 380-kV-Leitung realisiert, welche die 380-kV-Stationen A und B miteinander verknüpft. Des Weiteren verbindet eine HGÜ-Leitung (± 500 kV, nach [12]) die Konverterstationen 1 und 2 miteinander (siehe HGÜ-Technologie im Kapitel 5.1). Im Rahmen der Untersuchungen wird eine DC-Freileitung mit einer Dauerleistung von 2 GW (2000 A pro Pol) und mit der Möglichkeit der einpoligen Fahrweise im Fehlerfall (Neutralleiter NL für den vollen Betriebsstrom von 2000 A ausgelegt, siehe Abbildung A.3 Anhang A) zugrunde gelegt. Die einsystemige 380-kV-Drehstromfreileitung wird mit dem Betriebsstrom 1800 A pro Bündelleiter berücksichtigt. Im weiteren Verlauf dieses Kapitels wird das 380-kV-Netz auch als Doppelsystem betrachtet. Die charakteristischen Trassenlängen der Hybridleitung sind exemplarisch mit 50 Kilometer bzw. mit 200 Kilometer berücksichtigt (siehe Kapitel 5.1).

In Abbildung A.2 Anhang A ist das für die Untersuchungen verwendete Modell dargestellt. Das Modell mit der Nachbildung der HGÜ-Leitung beinhaltet die DC-Spannungsquelle an der Station 1, die Glättungsdrossel in den Gleichstromkreisen (RL-Modell), die Hybridleitung und die ohmschen Widerstände als DC-Last in der Station 2.

In dieser Arbeit werden die unterschiedlichen Ausgestaltungsmöglichkeiten hinsichtlich des Mastdesigns und der Leiteranordnungen berücksichtigt, damit die Beeinflussungen zwischen den einsystemigen HöS-Freileitungen und den HGÜ-Systemen breiter analysiert werden können. Die Abbildung 5.16 stellt die betrachteten typischen Mastkonfigurationen (siehe Kapitel 3.2) dar.

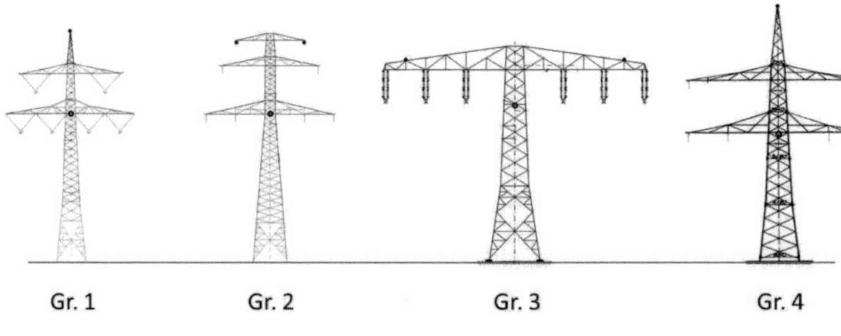

Abb. 5.16: Typische Mastkonfigurationen für Stromübertragung in 4 Gruppen. Gr. 1 – Mastgestänge mit 2 Traversen; Gr. 2 – Mastgestänge mit 3 Traversen; Gr. 3 – Einebenenmast; Gr. 4 – Verdrillungsmast

Anhand der Auslegungsmerkmale sind die betrachteten Masten in vier charakteristische Gruppen aufgeteilt:

- Gruppe 1: Mastgestänge mit zwei Traversen
- Gruppe 2: Mastgestänge mit drei Traversen
- Gruppe 3: Einebenenmasten
- Gruppe 4: Verdrillungsmast

Im Rahmen der Arbeit sind diese Masten als typisch angesehen. Der Verdrillungsmast wird separat betrachtet, weil die Abstände zwischen den einzelnen Leitern auslegungsgemäß am größten sind.

Für jede Gruppe von 1 bis 3 werden die charakteristischen Masten unter Berücksichtigung der folgenden Klassifizierungskriterien ermittelt:

a) minimaler Abstand zwischen den Stromkreisen,

b) minimaler Abstand zur Erdoberkante.

Unter Berücksichtigung der o. g. Klassifizierungskriterien a) und b) ergeben sich insgesamt sieben Auslegungsvarianten, die in den Berechnungsvarianten von 1 bis 4 zusammengefasst sind. Die Mastbilder dieser sieben Auslegungsvarianten sind in Abbildung A.3 bis A.6, Anhang A dargestellt.

In dem Bericht der Technischen Universität Ilmenau [44] wurde die Eignung der hier dargestellten Mastkonfigurationen für die HGÜ-Betriebsspannung von ±500 kV analysiert. Anhand der Untersuchungsergebnisse wurde festgestellt, dass nicht alle betrachteten typischen Mastkonfigurationen die Anforderungen an die zulässigen Mindestisolationsabstände erfüllen. Für die neu geplanten oder für die Umrüstung der vorhandenen typischen Mastkonfigurationen für die Hybridleitung ist es erforderlich, die Erfüllung technischer Randbedingungen bezüglich der DC-Mindestisolationsabstände zu überprüfen. Im Fall der Nichterfüllung der Anforderungen müssen die typische Masten umgerüstet werden (Kapitel 3.2, Gruppe Sonderkonstruktion).

5.6.1 Normalbetriebs- und Fehlerzustand

Für die Untersuchungen werden Normalbetriebszustände und Fehlerfälle für die gebündelten Drehstrom- und HGÜ-Systemen nachgebildet und untersucht. In der Arbeit wird angenommen, dass der Leistungsfluss in der DC-Leitung über das Betrachtungsintervall konstant bleibt. Aus diesem Grund wird keine Beeinflussung durch elektromagnetische Induktion seitens der DC-Leitung auf das Drehstromnetz festgestellt. Im Gegensatz verursachen die Ströme des AC-Netzes die induzierten 50-Hz-Stromkomponenten in der DC-Leitung.

A. Normaler Betriebszustand

Einsystembetrieb der 380-kV-Leitung. Die Anordnung der Hybridleitung mit der einsystemigen 380-kV-Drehstromfreileitung und DC-Freileitung wird wie auf den Mastkonstruktionen in den Abbildungen A.3 - A.6, Anlage A betrachtet. Als Normalbetriebszustände werden die folgenden Dauerbelastungen der Leitungen charakterisiert:

380-kV-Freileitung (AC-Stromkreis)

- 1800 A je Bündelleiter der einsystemigen 380-kV-Freileitung
- Belastung von 130 Prozent bezogen auf die Dauerlast von 1800 A je Bündelleiter.

HGÜ-Systeme (DC-Stromkreise)

- 2000 A, 4000 A je Pol (NL beidseitig nicht geerdet)
- 2000 A, 4000 A je ein Pol und NL (ein Pol ist außer Betrieb und beidseitig nicht geerdet).

In den Berechnungen ist die AC-Betriebsspannung von 420 kV berücksichtigt. Die Abbildungen 5.17 und 5.19 zeigen beispielhaft die induzierten 50-Hz-Ströme in der HGÜ-Verbindung, die im Normalbetriebszustand der Hybridleitung unter der Belastung von 1800 A je 380-kV-Leiter verursacht werden. Die in den Polleitern der DC-Freileitung induzierten 50-Hz-Ströme werden für zwei Messpunkte (an der Station 1 (St. 1) und an der Station 2 (St. 2) der HGÜ-Verbindung) und für GML 50 Kilometer und 200 Kilometer ermittelt.

Die induzierten 50-Hz-Ströme (Abbildungen 5.17 und 5.19) weisen relativ geringfügige Unterschiede in Abhängigkeit von der Auswahl des Messpunktes in den meisten Berechnungsfällen auf. Diese Unterschiede entstehen aufgrund der Überlagerung der kapazitiv influenzierten und der durch die Gegeninduktivitäten bedingten Stromanteile, die sowohl zwischen den Leitern als auch in den Leitern selbst fließen. Die Abbildungen 5.18 und 5.20 zeigen die induzierten 50-Hz-Spannungen (Leiter-Erde-Spannungen) in den HGÜ-Leitern. Aus den Abbildungen 5.17 - 5.20 ist ersichtlich, dass die ermittelten Zahlenwerte der Ströme sowie der Spannungen von den Berechnungsvarianten (sieben Auslegevarianten) signifikant abhängig sind. Dies resultiert aus den Einflüssen der Abstände zwischen den Drehstrom- und Gleichstromkreisen.

Es sei angemerkt, dass die Verdrillung der 380-kV-Stromkreise in den Berechnungsvarianten 1 bis 3 nicht nachgebildet ist. Diese wird ausschließlich in der Berechnungsvariante 4 simuliert. Aus diesem Grund sind die Zahlenwerte, die die Variante 4 charakterisieren, vergleichsweise am kleinsten (siehe Abbildungen 5.17 – 5.20).

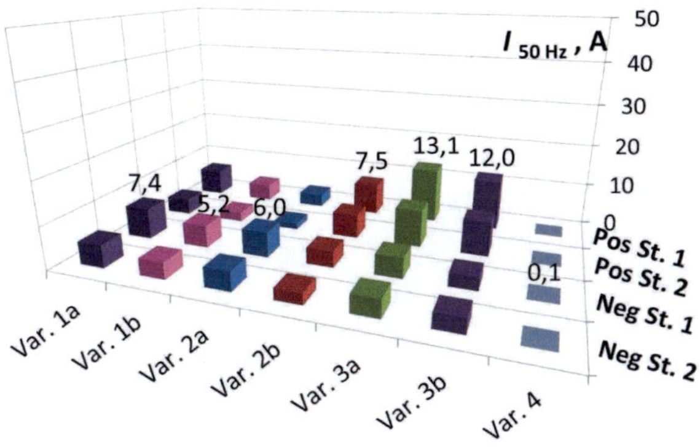

Abb. 5.17: Induzierte 50-Hz-Ströme in den HGÜ-Leitern für sieben Mastvarianten. AC-Stromkreise: 420 kV (Betriebsspannung), 1800 A; DC-Stromkreise: ± 500 kV, 2000 A; GML-Länge 50 Kilometer (St. 1 – Messpunkt an der Station 1, St. 2 – Messpunkt an der Station 2)

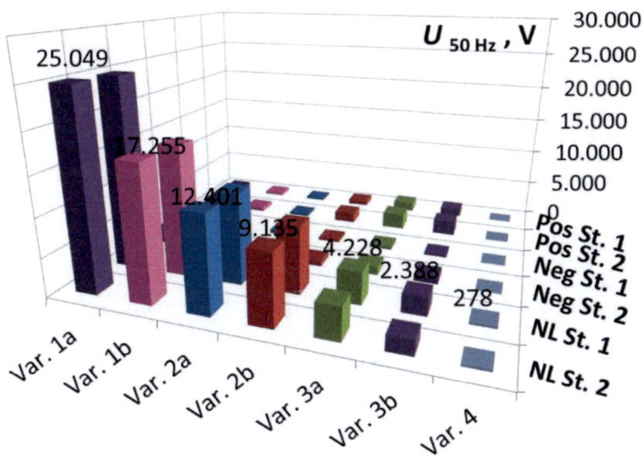

Abb. 5.18: Induzierte 50-Hz-Spannungen (HGÜ-Leiter-Erde) für sieben Mastvarianten. AC-Stromkreise: 420 kV (Betriebsspannung), 1800 A; DC-Stromkreise: ± 500 kV, 2000 A; GML-Länge 50 Kilometer (St. 1 – Messpunkt an der Station 1, St. 2 – Messpunkt an der Station 2)

Des Weiteren geht aus den Abbildungen 5.17 und 5.19 hervor, dass die Einebenenmasten (Varianten 3a und 3b) durch die größten induzierten 50-Hz-Ströme charakterisiert werden.

Aus den Abbildungen 5.18 und 5.20 ist ersichtlich, dass die 2-Traversen-Masten (Varianten 1a und 1b) durch die größten Zahlenwerte der induzierten 50-Hz-Spannungen charakterisiert werden.

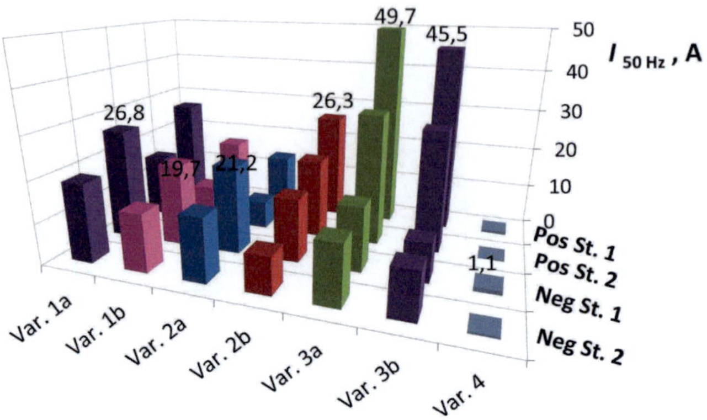

Abb. 5.19: Induzierte 50-Hz-Ströme in den HGÜ-Leitern für sieben Mastvarianten. AC-Stromkreise: 420 kV (Betriebsspannung), 1800 A; DC-Stromkreise: ± 500 kV, 2000 A; GML-Länge 200 Kilometer (St. 1 – Messpunkt an der Station 1, St. 2 – Messpunkt an der Station 2)

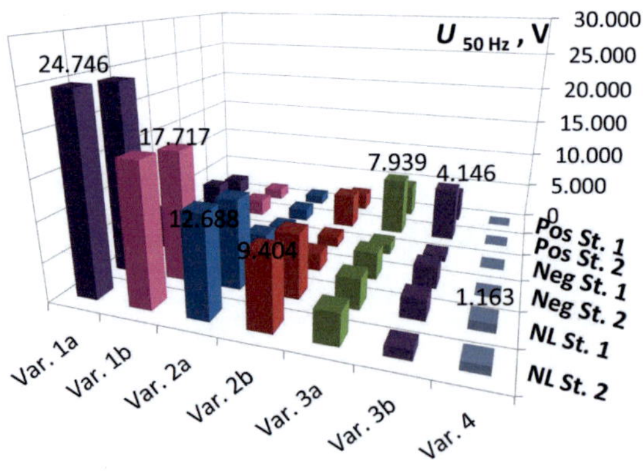

Abb. 5.20: Induzierte 50-Hz-Spannungen (HGÜ-Leiter-Erde) für sieben Mastvarianten. AC-Stromkreise: 420 kV (Betriebsspannung), 1800 A; DC-Stromkreise: ± 500 kV, 2000 A; GML-Länge 200 kilometer (St. 1 – Messpunkt an der Station 1, St. 2 – Messpunkt an der Station 2)

Die Erhöhung der Leitungslänge von 50 Kilometer auf 200 Kilometer wirkt sich auf die induzierten 50-Hz-Ströme und -Spannungen in Abhängigkeit vom Mastdesign aus.

Des Weiteren geht aus den Abbildungen 5.17 – 5.20 hervor, dass sich die maximalen Werte der induzierten 50-Hz-Spannungen mit der Erhöhung der Leitungslänge in den Berechnungsvarianten von 1a bis 2b kaum ändern. Bei den Berechnungen unter Berücksichtigung der Dauerbetriebszustände mit dem Einsätzen des Neutralleiters anstelle des positiven oder negativen Leiters wurde festgestellt, dass sich die Erhöhung des Betriebsstromes der HGÜ-Verbindung von 2000 A auf 4000 A nur unwesentlich auf die ermittelten Zahlenwerte der induzierten 50-Hz-Ströme und -Spannungen auswirkt.
Im Gegensatz dazu verursacht die Erhöhung des Dauerbetriebsstromes der 380-kV-Leitung um 30 Prozent eine entsprechende Erhöhung der induzierten 50-Hz-Ströme in den HGÜ-Leitern (auf ca. 20 Prozent). Die induzierten 50-Hz-Spannungen in den HGÜ-Leitern werden von den AC- und DC-Strömen kaum beeinflusst (unabhängig vom Lastzustand).
Ebenfalls werden die induzierten 50-Hz-Ströme in den Erdseilen berechnet. Die Ergebnisse sind in den Abbildungen A.7 und A.8 im Anhang A dargestellt. Erwartungsgemäß sind die induzierten 50-Hz-Ströme in den Erdseilen größer als die induzierten 50-Hz-Ströme in den HGÜ-Leitern. Die induzierten 50-Hz-Spannungen sind dementsprechend vernachlässigbar klein, da alle Erdseile geerdet sind.

Doppelsystembetrieb der 380-kV-Leitung. Für die betrachtete Netzkonfiguration in Abbildung 5.15 wird der Fall der doppelsystemigen Drehstrom-Freileitung untersucht. Die Belastung des Doppelsystembetriebs der 380-kV-Leitung bleibt dabei unverändert (1800 A je Leiter). Die HGÜ-Systeme werden ebenso nicht verändert und auch in diesem Fall mit einem Betriebsstrom von 2000 A je Leiter belastet. Die Mastkonstruktion für die Hybridleitung mit AC-Doppelsystem und HGÜ-Leiter ist in der Abbildung A.9 im Anhang A dargestellt.
Die Ergebnisse weisen den gleichen Zusammenhang für die induzierten 50-Hz-Ströme und -Spannungen auf. Die induzierten 50-Hz-Ströme sind direkt von der Länge der Hybridleitung abhängig. Die längere Hybridleitung wird durch die höheren induzierten 50-Hz-Ströme charakterisiert.
Die DC-Stromauslastung der HGÜ-Verbindung hat einen deutlich geringeren Einfluss auf die Werte der induzierten Ströme im Vergleich zu dem Einfluss der Leitungslänge.
Die Positionierung der HGÜ-Leiter am Mast der Hybridleitung spielt eine bedeutende Rolle im Hinblick auf die 50-Hz-Beeinflussung des 380-kV-Netzes. Der Dauerbetrieb der Hybridleitung unter Verwendung des Neutralleiters (NL) anstelle des positiven oder negativen Pols der HGÜ-Leitung verdoppelt praktisch die induzierten 50-Hz-Ströme.

Im Vergleich zum Doppelsystembetrieb zeigen die in den HGÜ-Leitern induzierten 50-Hz-Ströme bei der Ausschaltung eines AC-Systems deutlich erhöhte Werte auf. Die Strombelastung des im Betrieb bleibenden AC-Systems wird dabei verdoppelt, um das (n-1)-Kriterium zu erfüllen.

Gleiches gilt für den Fall der betriebsbedingten Erhöhung der Strombelastung der 380-kV-Leiter auf den Wert von 130 Prozent. Der maximale Stromwert der induzierten 50-Hz-Ströme in den HGÜ-Leitern erreicht den Zahlenwert von 68 A.

Die Präsenz von LWL-Leitungen beeinflusst kaum die Größen der induzierten 50-Hz-Ströme im Falle des ausgeschalteten Systems 1. Im Falle des ausgeschalteten Systems 2 werden die induzierten 50-Hz-Ströme in der GML mit den Masten ohne LWL deutlich höher.

Die Untersuchungsergebnisse zeigen, dass die induzierten 50-Hz-Spannungen (HGÜ-Leiter-Erde) für alle betrachteten Betriebszustände der Hybrid-Freileitung Zahlenwerte von über 18 kV erreichen können. Erwartungsgemäß wird der beidseitig nicht geerdete DC-Leiter durch die größten induzierten 50-Hz-Spannungen charakterisiert.

In den Fällen der symmetrischen AC-Strombelastung sind die induzierten 50-Hz-Spannungen am untersten DC-Leiter (beidseitig nicht geerdet) am größten.

In den Betriebszuständen mit nur einem AC-System in Betrieb können u. U. am obersten oder am mittleren HGÜ-Leiter, der als Neutralleiter betrieben wird, auch höhere 50-Hz-Spannungen induziert werden als am untersten HGÜ-Leiter.

B. Fehlervorgänge im Drehstromnetz

Als Fehlervorgänge im 380-kV-Netz mit einsystemiger Drehstromfreileitung werden 1-, 2- und 3-polige Fehler mit und ohne Erdberührung betrachtet.

Anhand der Berechnungsergebnisse ist festgestellt, dass die größten induzierten 50-Hz-Ströme bei den 1- und 2-poligen Fehlern mit Erdberührung erzeugt werden. Die Verdrillung trägt zur Reduzierung der induzierten 50-Hz-Ströme nur in den Fällen der 3-poligen und der 2-poligen Fehler ohne Erdberührung bei. Die Zahlenwerte der induzierten 50-Hz-Ströme überschreiten zum Teil einen Wert von 150 A.

Bei den 3-poligen und 2-poligen Fehlern ohne Erdberührung werden die größten induzierten 50-Hz-Ströme in Fällen der Einebenenmaste (Var. 3a und 3b) erzeugt, die 2-Traversen-Maste (Var. 1a) werden durch die größten induzierten 50-Hz-Ströme bei den 1- und 2-poligen Fehlern mit Erdberührung charakterisiert. Die induzierten 50-Hz-Spannungen (DC-Leiter-Erde) können einen Wert von ca. 40 kV (2-Traversen-Mast Var. 1a) erreichen.

C. Fehlervorgänge in der DC-Leitung

Wenn ein Kurzschluss in der DC-Leitung auftritt, ändert sich die Prozessphysik in der DC-Leitung – es beginnt ein transienter Vorgang. Aus diesem Grund ergeben sich zusätzliche Schwierigkeiten bei der mathematischen Modellierung solcher Fälle. Zwar ist es für die Modellierung der DC-Leitungen bei einem Kurzschlusseintritt und zu Beginn des transienten Vorganges nicht möglich, die stationären Modelle und Gleichungen zu verwenden. Die korrekte Nachbildung der transienten Vorgängen basiert auf der Grundlage der mathematischen Modellierung von nichtstationären Differenzialgleichungen (frequenzabhängig).
Die Fehlervorgänge in HGÜ-Verbindung beeinflussen die Ströme und Spannungen im Drehstromnetz mit der Hybridleitung. In [111] wurde darauf hingewiesen, dass Kurzschlussvorgänge im $\pm$ 500-kV-Gleichstromnetz transiente Spannungserhöhungen in den 380-kV-Drehstromkreisen der Hybridleitung verursachen. Die schnellen Änderungen der Momentanwerte der Kurzschlussströme in den HGÜ-Stromkreisen beeinflussen auch die Telekommunikationsleitungen in der Umgebung der HGÜ-Verbindung und verursachen eine Leiter-Schirm-Spannungserhöhungen in den Leitungen der Signalübertragung.
In den Untersuchungen werden die folgenden Fehlerfälle betrachtet:

- Leiter-Erde-Kurzschluss
- Leiter-Leiter-Kurzschluss

In [112] wurde festgestellt, dass sich der ohmsche Widerstand R_F an der Fehlerstelle im Wertebereich von 0 bis 100 Ohm bewegen kann. Der Widerstand $R_F = 0$ Ohm charakterisiert den metallischen Kurzschluss, der jedoch selten eintritt, der häufigste Fehler ist der Lichtbogenfehler, bei welchem es zu einem erhöhten Fehlerstellenwiderstand kommt. In [113] werden die Fehlerstellenwiderstände im Wertebereich von 1 bis 100 Ohm betrachtet. Für die vorliegenden Untersuchungen wird der ohmsche Widerstand an der Fehlerstelle mit $R_F = 0,4$ Ohm für den Leiter-Erde-Kurzschluss und $R_F = 0$ Ohm für den Leiter-Leiter-Kurzschluss berücksichtigt.
In der Realität wird der DC-Kurzschluss relativ schnell durch die Steuerungssysteme der Stromrichter ausgeschaltet.
Um die Worst-Case-Bedingungen der DC-Kurzschlussverläufe und somit auch das Worst-Case-Szenario für die Beeinflussungen besser nachzubilden, ist eine Kurzschlussdauer mit 0,1 Sekunde angenommen.

In den Abbildungen A.10, A.11 und A.12 (Anhang A) sind die Zeitverläufe der Leiter-Erde-Spannungen an der Station A und die Leiterströme in den 380-kV-Stromkreisen der Hybridfreileitung während der Fehlervorgänge in den DC-Stromkreisen für die ausgewählten Mastkonfigurationen dargestellt. Für alle betrachteten Mastkonfigurationen zeigen die Momentanwerte der transienten Ströme und Spannungen in den Drehstromkreisen einen weitestgehend ähnlichen Zeitverlauf.

Es ist festgestellt, dass die DC-Leiter-Erde-Kurzschlüsse transiente DC-Komponenten in den gekoppelten Drehstromkreisen der Hybridleitung verursachen. Außerdem erhöhen sich kurzzeitig die AC-Leiter-Erde-Spannungen beim DC-Fehlereintritt (siehe Abbildung A.10, Anhang A). Die Strommomentanwerte in den AC-Kreisen erreichen kurzzeitig eine Höhe von etwa 150 Prozent des AC-Dauerstromes. Die Leiter-Erde-Spannungen erhöhen sich ebenfalls bis zum Wert von ca. 150 Prozent des Spannungsscheitelwertes im Normalbetriebszustand. DC-Leiter-Leiter-Kurzschlüsse verursachen hingegen deutlich kleinere Änderungen der AC-Ströme. Die Strommomentanwerte erreichen in den AC-Kreisen kurzzeitig eine Höhe von etwa 110 Prozent bis 115 Prozent des AC-Dauerstromes. Die transienten Erhöhungen der Leiter-Erde-Spannungen im Drehstromnetz sind in den betrachteten Berechnungsfällen ebenfalls sehr gering (siehe Abbildung A.11, Anhang A).

Die Worst-Case-Fälle hinsichtlich der transienten Stromerhöhungen in den Drehstromkreisen stellen die Fehlerzustände der Zwischensystemberührung dar. Bei den Zwischensystemberührungen dringen die DC-Ströme direkt in die Drehstromkreise ein. Aufgrund der relativ niedrigen Impedanzwerte der 380-kV-Leiter für die DC-Komponenten entsteht ein Zustand für die DC-Leitung, der einem DC-Leiter-Erde-Fehler weitgehend ähnlich ist. Die ohmschen Widerstände der 380-kV-Stromkreise bilden dabei den äquivalenten Widerstand der Fehlerstelle R_{F}.

Während der Zwischensystemberührung erreichen die transienten Strommomentanwerte den ca. 8-fachen Werte des AC-Dauerstromes (siehe Abbildung A.12, Anhang A). Die AC-Leiter-Erde-Spannungen erhöhen sich beim Fehlereintritt um etwa 20 bis 30 Prozent.

Die Erhöhungen der Strommomentanwerte in den AC-Leitern während der Kurzschlüsse in den DC-Kreisen charakterisieren die Entstehung der DC-Stromanteile in den AC-Stromkreisen.

Die DC-Komponenten im Drehstromnetz verursachen zusätzliche Leistungs- und Energieverluste in den Drehstromleitern, können Transformatoren in Sättigung bringen und eine Fehlfunktion der Netzschutzeinrichtungen verursachen.

Nicht nur die Kurzschlussvorgänge können eine Quelle der DC-Komponenten in den HöS-Netzen sein. Ein weiterer Grund ist der Ionenstromfluss, der aufgrund der DC-Korona-Erscheinungen entsteht und von den DC-Leitern in die Stromkreise der benachbarten Drehstromleitung fließen kann. Wie in dem folgenden Kapitel 5.7.2 gezeigt wird, ist der zu erwartende injizierte DC-Koronastrom klein und darf vernachlässigt werden.
In der Arbeit ist die Beeinflussung der durch die Fehlervorgänge in den Gleichstromkreisen verursachten DC-Komponenten auf die Sättigung bei Strom- und Spannungswandlern im Drehstromnetz analysiert. Anhand der Berechnungsergebnisse ist festgestellt, dass die entstehenden DC-Komponenten keine gefährliche Sättigung der Magnetsysteme der betrachteten Wandler in den 380-kV-Leitern verursachen [44].
Die korrekte Wahl der Strom- und Spannungswandler in den HöS-Netzen mit den Hybridleitungen kann zur Vermeidung der unerwünschten DC-Beeinflussungen wesentlich beitragen.
Zusammenfassend kann anhand der dargestellten Simulationsergebnisse geschlussfolgert werden, dass die Beeinflussungen der Kurzschlussvorgänge in den HGÜ-Stromkreisen bei der Parametrierung der Schutzeinrichtungen im 380-kV-Netz berücksichtigt werden müssen.

5.6.2 Leerlaufbetrieb der DC-Freileitung

Hier wird wie im Kapitel 5.5.3 die Beanspruchung der Schaltgeräte im Leerlaufbetrieb der zusammengeführte DC-Leitung analysiert. Dabei werden die induzierten und influezierten AC-Ströme ermittelt, die durch die Beeinflussung der benachbarten HöS-Freileitung in den vom HGÜ-Netz abgetrennten und geerdeten DC-Stromkreisen verursacht werden (siehe Abbildung 5.12).
Die Berechnungen werden im Netz mit der Hybridleitung für den Fall der doppelsystemigen Drehstrom-Freileitung und Gleichstromleitung durchgeführt.
Nach [109, 110] betragen die Standardwerte der induktiven Ströme 80 A (Klasse A) bzw. 160 A (Klasse B) für den Erdungsschalter mit der Bemessungsspannung von 420 kV. Die Standardwerte der kapazitiv eingekoppelten Ströme liegen bei 1,25 A (Klasse A) bzw. 18 A (Klasse B [109]) oder 15 A (Klasse B [110]) für den Erdungsschalter mit der Bemessungsspannung von 420 kV.
In Tabelle 5.4 sind die ermittelten Werte der Kopplungsströme dargestellt. Der Vergleich der berechneten Werte aus Tabelle 5.4 mit den oben angegebenen Standardwerten zeigt, dass die Kopplungsströme im Normalbetriebszustand der unverdrillten 380-kV-Leitung das Schaltvermögen eines konventionellen Erdungstrenners überschreiten.

Aus der Tabelle 5.4 ist weiterhin zu erkennen, dass die Verdrillung die zu erwartenden Kopplungsströme signifikant reduziert. Das Schaltvermögen der zum Einsatz kommenden Erdungstrenner muss jedoch überprüft werden, um eine sichere Abschaltung der eingekoppelten Ströme zu gewährleisten.

Tab. 5.4: Kopplungsströme im Normalbetriebszustand der 380-kV-Leitung (2x1800 A)

Strom	Induktiv eingekoppelter Strom, A		Kapazitiv eingekoppelter Strom, A	
Leitungslänge	50 km	200 km	50 km	200 km
380-kV-Leitung nicht verdrillt	88,2	91,5	2,7	11,3
380-kV-Leitung verdrillt	0,6	2,3	0,05	0,8

Aus der Ergebnissen ist zu schlussfolgern, dass der induktiv eingekoppelte Strom von der Leitungslänge praktisch unabhängig ist. Der kapazitiv eingekoppelte Strom hingegen vergrößert sich mit der Vergrößerung der Leitungslänge.

5.6.3 Flickererscheinungen

Die Energieübertragung über HöS-Drehstrom- und DC-Leitungen wird durch erhebliche Leistungsschwankungen charakterisiert, diese können Strom- und Spannungsoszillationen im subharmonischen Bereich verursachen. Das kann u. U. zu Flickererscheinungen führen, die für die unterlagerten Netzebenen kritisch sein können.

In der Arbeit ist der Einfluss der Bündelung von HöS-Drehstrom- und HGÜ-Leitungen auf die Flickerausbreitung in galvanisch nicht gekoppelten Netzen analysiert. Damit ist es möglich, die Auswirkung der Hybridleitung auf parallel verlegte 0,4-kV-Freileitung zu betrachten.

Flicker ist der Eindruck der Unstetigkeit visueller Empfindungen, hervorgerufen durch Lichtreize mit zeitlicher Schwankung der Leuchtdichten oder der spektralen Verteilung [114]. Spannungsschwankungen in elektrischen Netzen verursachen Leuchtdichteänderungen von Lampen, die eine optisch wahrnehmbare, als Flicker bezeichnete Erscheinung hervorrufen können. Flicker wirkt oberhalb einer bestimmten Schwelle störend.

Die Intensität der Flickerstörwirkung wird mithilfe der folgenden Größen bewertet:

- Kurzzeit-Flickerstärke (P_{st}), gemessen über ein Zeitintervall von zehn Minuten und
- Langzeit-Flickerstärke (P_{lt}), berechnet aus einer Folge von 12 P_{st}-Werten über ein 2-Stunden-Intervall

Die Langzeit-Flickerstärke wird nach der nachfolgenden Gleichung berechnet:

$$P_{lt} = \sqrt[3]{\sum_{i=1}^{1} 2\frac{P_{sti}^3}{12}} \tag{5.1}$$

Unter Berücksichtigung von [115] ist die Flickerquelle in der HGÜ-Verbindung im Rahmen der vorliegenden Untersuchungen nachgebildet. Die Strom- und Leistungsschwankungen in den DC-Stromkreisen sind durch die Implementierung einer idealen Wechselstromquelle in das RL-Modell (Glättungsdrossel in den Gleichstromkreisen) simuliert.
Die Netzkonfiguration wird für die Untersuchungen der Flickererscheinungen erweitert. Eine zusätzliche Strecke mit den parallel verlaufenden 380-kV- und 0,4-kV-Freileitungen wird hierbei nachgebildet. Die Abbildung A.13 im Anhang A verdeutlicht die Modifizierung der Netzkonfiguration für die Untersuchung der Flickerausbreitung.
Es ist angenommen, dass der Betrieb der HGÜ-Verbindung durch DC-Stromschwankungen charakterisiert wird. Die DC-Stromschwankungen verursachen Spannungsschwankungen im 380-kV-Stromkreis der Hybridleitung sowie in der in Reihe geschalteten, galvanisch gekoppelten einsystemigen 380-kV-Freileitung. Aufgrund der bestehenden induktiven und kapazitiven Beeinflussungen werden die Spannungsschwankungen in die Leiter der 0,4-kV-Nachbarleitung übertragen und verursachen dort Flicker.
Die Abbildung A.14 im Anhang A zeigt die nachgebildeten DC-Stromschwankungen.
Die nachfolgende Tabelle 5.5 fasst die Berechnungsergebnisse für alle betrachteten Varianten der Masten der AC-DC-Hybridfreileitung zusammen.

Tab. 5.5: Flicker in den Netzen mit den AC-DC-Hybridleitungen

Variante der Mastkonfiguration	P_{st} im 380-kV-Netz	P_{st} im 0,4-kV-Netz
1a	0,29	0,45
1b	0,27	0,37
2a	0,24	0,28
2b	0,24	0,30
3a	0,24	0,32
3b	0,23	0,30
4	0,26	0,46

Aus der Tabelle 5.5 ist ersichtlich, dass die 2-Traversen-Hybridmasten (Var. 1a, 1b und 4 bzw. die Donaumasten) durch die größten Flickerwerte charakterisiert werden. Es sei angemerkt, dass der Verdrillungsmast (Var. 4) konstruktiv gesehen auch mit zwei Traversen ausgestattet ist.

Der maximale ermittelte Kurzzeitflickerwert P_{st} im 0,4-kV-Netz erreicht den Zahlenwert von 0,46. In Bezug auf den im Power Quality Standard aktuell festgelegten zulässigen Verträglichkeitspegel von $P_{st} = 1{,}0$ [116] bedeutet es, dass keine Verletzung der Grenzwerte für Flicker im simulierten Fall stattfindet. Das heißt aber auch, dass die Flickerproblematik bei der Auslegung der neuen HGÜ-Verbindungen oder Hybridleitungen in der Nähe von bestehenden Leitungen nicht vernachlässigt werden darf.

Zusammenfassend kann geschlussfolgert werden, dass HGÜ-Verbindungen Einfluss auf die Flicker in den benachbarten AC-Stromkreisen haben. Für die Intensität der flickerrelevanten Beeinflussung ist der Charakter der zeitlichen Leistungsänderungen in den DC-Stromkreisen maßgebend. Unter Berücksichtigung der geografischen Verteilung der leistungsstarken Windenergieanlagen in Deutschland ist zu erwarten, dass die DC-Freileitungen in erste Linie in den küstennahen Regionen als mögliche Flickerquellen betrachtet werden können. Die von großen Windparks entfernten DC-Freileitungen werden offensichtlich weniger Flicker erzeugen.

5.6.4 Berechnungen der elektrischen und magnetischen Felder

In der vorliegenden Arbeit werden die Berechnungen der elektrischen und magnetischen Felder (EMF) der gebündelten HöS-Drehstrom- und HGÜ-Systeme durchgeführt. Die Drehstrom-Freileitung befindet sich im Doppelsystembetrieb. Die Abbildung 5.21 zeigt die Intensivität der magnetischen DC-Felder am Leiter und an der Erdoberkante (EOK).

Die Abbildungen A.15 – A.17 im Anhang A zeigen die berechneten elektrischen und magnetischen Felder in der Umgebung der Hybridleitung für die Mastkonfiguration A.9 im Anhang A mit geerdetem Luftkabel mit LWL.

Die Untersuchungen haben ergeben, dass die Präsenz der geerdeten Luftkabel die Feldverteilung nur unwesentlich beeinflusst.

In [105] sind die folgenden Grenzwerte für die magnetische Induktion festgelegt:

- 500 μT für 0 Hz,

- 100 μT für 50 Hz.

Es ist festgestellt, dass Grenzwertüberschreitung weder an der Erdoberkante (EOK) noch an der gegenüberliegenden Seite des Tragmastes, wo sich die beeinflussten Leiter befinden, stattfinden (siehe Abbildungen 5.21 und A.15, Anhang A).Für die elektrische Feldstärke werden die Grenzwerte wie folgend festgelegt:

- 30 kV/m für das 0-Hz-Feld nach [117],
- 5 kV/m für das 50-Hz-Feld nach [105].

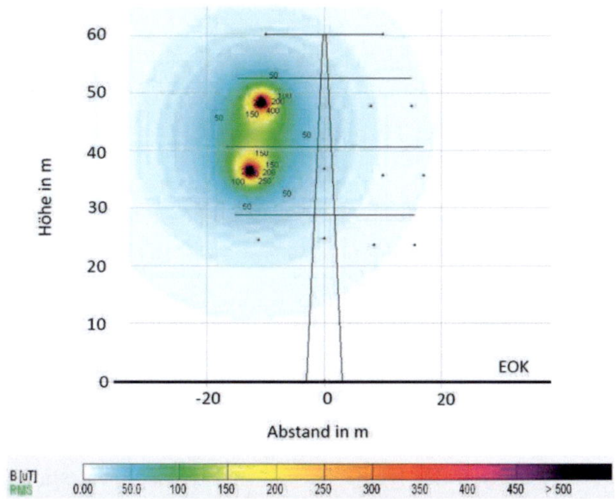

Abb. 5.21: Magnetische DC-Felder bei Betrieb der Hybrid-Freileitung, AC-Stromkreise: 380 kV, 2x1800 A; DC-Stromkreise: ±500 kV, 2000 A

Wie in Abbildung A.16 im Anhang A zu sehen ist, finden keine Richtwertüberschreitung sowohl an der EOK als auch an der gegenüberliegenden Seite des Tragmastes für die elektrische Feldstärke des statischen DC-Feldes statt. Für die elektrische Feldstärke des 50-Hz-Feldes (Abbildung A.17, Anhang A) werden ebenfalls keine Grenzwertüberschreitung an der EOK festgestellt. Im Bereich der DC-Leiter werden jedoch die 50-Hz-Grenzwerte überschritten. Für die elektrischen und magnetischen Felder in der Umgebung der Hybridleitung werden weitere Berechnungen durchgeführt, bei denen der Durchhang der Leiter berücksichtigt ist. Dabei wird der Mindestbodenabstand von 12 Meter für alle Leiter einheitlich angenommen. Anhand der Ergebnisse ist festgestellt, dass auch beim Mindestbodenabstand keine Überschreitung der jeweiligen Grenzwerte für die magnetische Induktion an der EOK erfolgt. Bei der Berechnung der elektrische Feldstärke des AC-Feldes mit einem Leiter-Boden-Abstandes von 12 Meter wurde festgestellt, dass der Grenzwert von 5 kV/m schon an der Erdoberkante überschritten wird (siehe Abbildung A.18 im Anhang A).

Eine Erhöhung der HGÜ-Betriebsspannung auf ± 525 kV verursacht keine Überschreitung des Richtwertes für die elektrische DC-Feldstärke an der EOK. Die Erhöhung der Betriebsspannung auf 420 kV in den AC-Stromkreisen vergrößert die elektrische Feldstärke in der Umgebung der Hybridleitung nur unwesentlich.

Anhand der Berechnungsergebnisse kann zusammenfassend geschlussfolgert werden, dass die betrachtete Mastkonfiguration und die Leiteranordnung die Einhaltung der zulässigen Grenz- und Richtwerte für die magnetischen und elektrischen DC- und AC-Felder an der Erdoberkante grundsätzlich gewährleisten.

5.6.5 Berührungsspannung in Hybridleitung

In diesem Kapitel erfolgt die Beschreibung der Beeinflussungen bei den Arbeiten an der abgeschalteten ±500 kV DC-Freileitung bei gleichzeitig in Betrieb befindlichen 380-kV HöS-Drehstrom-Systemen. Dabei wird nach den in Kapitel 4 vorgeschlagenen Verfahren die zu erwartende Berührungsspannungen ermittelt.

Für die Untersuchungen der Berührungsspannungen wird die im Kapitel 5.6 dargestellte Netzkonfiguration weiter verwendet. Das HöS-Netz ist als Doppelsystem-Freileitung ausgeführt. Die Mastkonfiguration der Hybridleitung mit AC-Doppelsystem und DC-Leiter ist aus der Abbildung A.9 im Anhang A zu entnehmen. Als Trassenlänge der Gemeinschaftsleitung werden von 50 Kilometer und 200 Kilometer angenommen.

Die Abbildung 5.22 stellt die Berechnungsergebnisse der Berührungsspannungen dar.

Die induzierten 50-Hz-Ströme- und Spannungen für verschiedene DC-Leiter sind unterschiedlich groß. Aufgrund dessen werden die Mittelwerte der 50-Hz-Berührungsspannungen für die Darstellung in der Abbildung 5.22 ermittelt.

Aus der Abbildung 5.22 ist ersichtlich, dass die Berührungsspannungen um die Umspannwerke maximal sind. Das hängt von den wesentlich kleineren Werten der Erdungsanlage in den Umspannwerken zusammen ab. Nach der Tabelle 5.1 beträgt der Widerstandswert des Umspannwerkes 0,2 Ohm und der Mastausbreitungswiderstand eines Mastes 2,1 Ohm. Der Strom breitet sich entlang des Netzwerkes (Erdseilkettenleiter) abhängig vom Widerstand aus, deswegen fließen in den Umspannwerken die größten Ströme gegen Erde ab. Der gesamte in den Erdseilen fließende Strom nimmt zu den Umspannwerken hin ab [82]. Die Berührungsspannung nimmt im Bereich der Umspannwerke hingegen zu. Die berechneten Werte der Berührungsspannungen befinden sich dennoch unter dem zulässigen Grenzwert von 50 V.

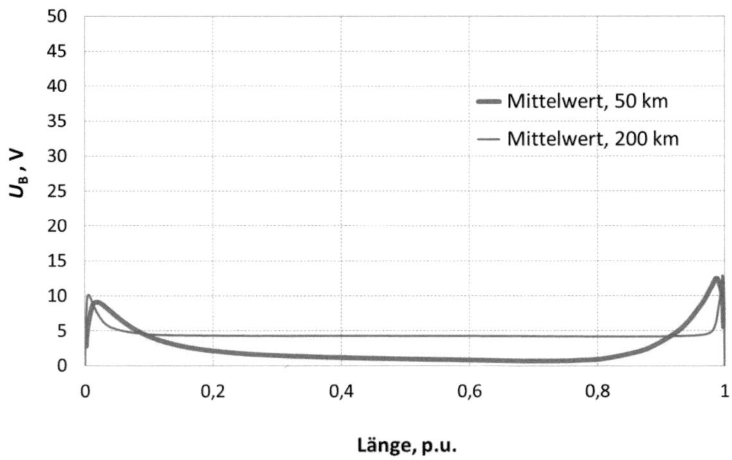

Abb. 5.22: Berührungsspannungen an den HGÜ-Leitern der 50-Kilometer - und 200-Kilometer - Hybridleitung im Normalbetriebszustand der 380-kV-Leitung

Das Vorhandensein von geerdeten Seilen mit Lichtwellenleitern weist im Hinblick auf die ermittelten Zahlenwerte praktisch keinen Einfluss auf.

Die Kurzschlussvorgänge im 380-kV-Netz erhöhen die Werte der Berührungsspannungen drastisch. In der Abbildung 5.23 sind die Berührungsspannungen im normalen Betriebszustand (für die maximal berechneten Werte) und im Fehlerfall dargestellt. Die in den Fehlerzuständen der 380-kV-Leitung ermittelten Berührungsspannungen überschreiten den zulässigen Grenzwert deutlich.

Es sei angemerkt, dass die Umstrukturierung des bestehenden Modells der 50-Kilometer-Hybridleitung für die Berechnungen der Berührungsspannungen in der 200-Kilometer-Hybridleitung ohne die Anpassung der Kurzschlussleistungen in den Stationen A und B erfolgte. Das hat keine Auswirkungen auf die Berechnungsfälle der Normalbetriebszustände, aber auf die berechneten Werte der Berührungsspannungen in den Kurzschlussfällen. Aus der Abbildung 5.22 ist zu sehen, dass die ermittelten Werte der Berührungsspannungen für die 200-Kilometer-Hybridleitung niedriger sind als die entsprechenden Werte für die 50-Kilometer-Hybridleitung. Ursachen dafür sind die reduzierten Kurzschlussstromwerte (von 80 kA auf etwa 65 kA) an den Stationen A und B und dementsprechend die niedrigeren Werte der Kurzschlussstromanteile, die durch die 380-kV-Leitung in den Fehlerzuständen fließen. Damit ist auch deutlich, dass die Berührungsspannungen an den abgeschalteten HGÜ-Leitern hauptsächlich durch die Ströme in den AC-Leitern verursacht werden. Die maximalen Werte der Berührungsspannungen im normalen Betriebszustand sind praktisch unabhängig von der Leitungslänge, da die Ströme in AC-Leitungen unabhängig von der Leitungslänge sind.

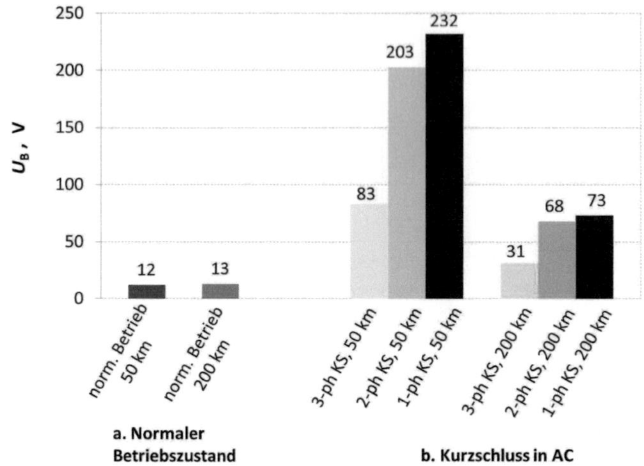

Abb. 5.23: Maximale Berührungsspannungen an den HGÜ-Leitern der 50-km- und 200-km-Hybridleitung a) im Normalbetriebszustand und b) bei den Kurzschlüssen an der 380-kV-Leitung

Bei der Erhöhung des Mastausbreitungswiderstandes auf 50 Ohm (Tabelle 5.1) ist festgestellt, dass dieser keine signifikanten Änderungen in Bezug auf die maximalen Werte der Berührungsspannungen verursacht. Im Falle der 200-Kilometer-Hybridleitung sind die verursachten Änderungen der Zahlenwerte markant. Die ermittelten maximalen Werte der zu erwartenden Berührungsspannungen nähern sich dem zulässigen Grenzwert von 50 V. Der Grenzwert wird jedoch nicht erreicht.

Der Einfluss der Verdrillung der 380-kV-Stromkreise der jeweiligen Hybridleitung verdeutlicht die Abbildung 5.24. Die zu erwartenden Berührungsspannungen sind im Bereich der Verdrillungsmasten deutlich erhöht. Die ermittelten maximalen Werte der Berührungsspannungen überschreiten den Wert von 100 V.

Die Berührungsspannungen an der abgeschalteten Leitung nehmen an den Stellen zu, wo die beeinflussende Freileitung inhomogen ist. Durch die Verdrillung ändern sich die Leiterpositionen, die Abstände zwischen den Leitern und als Folge die Werte der induzierten Spannungen und Berührungsspannungen. Falls keine Verdrillung erfolgt, nehmen die Werte der induzierten Spannung nur in der Nähe von zwei benachbarten Umspannwerken zu (wie in der Abbildung 5.22).

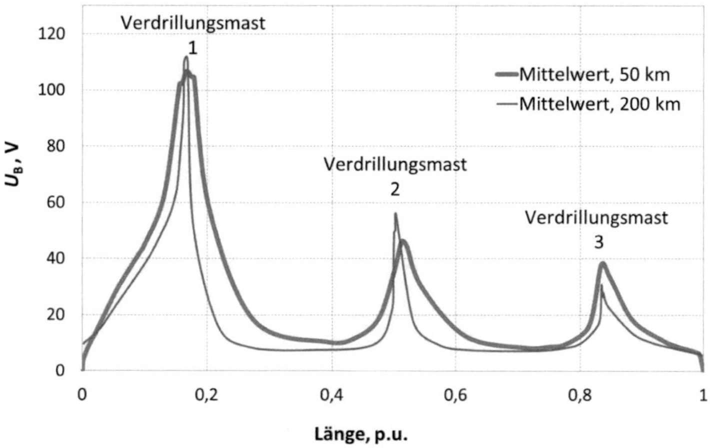

Abb. 5.24: Berührungsspannungen an den HGÜ-Leitern der 50-Kilometer- und 200-Kilometer-Hybridleitung im Normalbetriebszustand der verdrillten 380-kV-Leitung

In [79, 81] wurden für die Berechnungen der induzierten Spannungen in HGÜ-Leitern mehrere Varianten der Verdrillung von beeinflussenden Leitungen betrachtet. Hier wird ebenfalls die Überschreitung der zulässigen Größe festgestellt.

Durch diese sprunghaften Änderungen entstehen um den Verdrillungsmast entsprechende Spitzen in den induzierten Strömen und Spannungen.

Die Ergebnisse der berechneten Berührungsspannungen aus der Abbildung 5.24 bestätigen den im Kapitel 3.5 beschriebenen Effekt der Verdrillung der beeinflussenden Leitungen.

Fazit zum Kapitel 5.6:

Die Bündelung der HöS- und DC-Freileitungen auf Gemeinschaftsgestängen erzeugt gegenseitige elektrische Beeinflussungen. Seitens des HGÜ-System besteht keine Beeinflussung durch magnetische Induktion, außer transiente Vorgänge im DC-Netz. Aus diesem Grund müssen die Kurzschlussvorgänge in den DC-Stromkreisen bei der Parametrierung der Schutzeinrichtungen im 380-kV-Netz berücksichtigt werden.

Seitens des HöS-Netzes tritt die elektromagnetische Beeinflussung ein. Im Hinblick darauf spielen die Länge der Hybridleitung und die Positionierung der DC-Leiter am Mast eine bedeutende Rolle.

Die Verdrillung der AC-Freileitung hat sich als eine effiziente Maßnahme zur Reduzie-

rung der Kopplungsströme erwiesen. Die Auslegung der AC-DC-Freileitungen muss unter Berücksichtigung der möglichen Einflüsse der elektrischen und magnetischen Felder erfolgen und die Flickerproblematik darf nicht vernachlässigt werden. Im Leerlaufbetriebszustand muss die Auswahl der Schaltgeräte für die Erdung der HGÜ-Hybrid-Freileitungen unter Berücksichtigung der zu erwartenden Beeinflussungen durchgeführt werden.

Die nach den vorgeschlagenen Verfahren berechneten Berührungsspannungen bei Arbeiten an der abgeschalteten DC-Leitung überschreiten den Grenzwert nicht. In Störfällen im 380-kV-Netzkönnen die Berührungsspannungen einen unzulässig großen Wert erreichen. Die Verdrillung der 380-kV-Leitung ist durch die starke Beeinflussung auf die Berührungsspannung um den Verdrillungsmast erwiesen.

Zur Durchführung der Arbeiten an der abgeschalteten DC-Leitung im Falle der verdrillten beeinflussenden Leitung ist eine Entwicklung der speziellen Schutzmaßnahmen erforderlich.

5.7 Mitführung der Übertragungsleitung mit dem Bahnstromnetz

Nachfolgend werden die Wechselwirkungen bei der Bündelung des Bahntrassenkorridors mit den Stromübertragungsleitungen auf Gemeinschaftsgestängen beschrieben. Die Übertragungsfreileitung ist als selbstgeführte zweisystemige 380-kV-Drehstromleitung oder als ±500-kV-DC-Leitung ausgeführt. Als DC-Technologie wird die bipolare DC-Leitung mit metallischer Rückleiter betrachtet (siehe Kapitel 5.1). Außerdem wird eine Trassenbündelung der Bahntrasse mit dem ±500-kV-DC-Kabelsystem untersucht. Der Bahnbetrieb mit der elektrischen Zugförderung wird über ein einphasiges Oberleitungs-Wechselstromnetz mit 15-kV-16,7-Hz oder mit 25-kV-50-Hz betrachtet.

Die Abbildung 5.25 zeigt schematisch die Netzstruktur des Bahnnetzes mit der zusammengeführten HöS-Leitung. Die Gesamtlänge der mitgeführten Strecke beträgt 125 Kilometer.

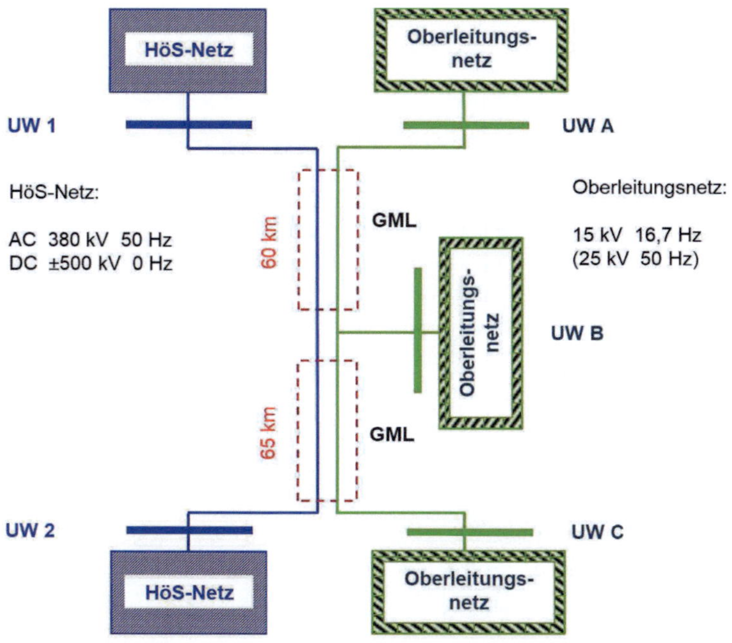

Abb. 5.25: Netzkonfiguration für mitgeführte Übertragungsleitungen mit dem Bahnnetz auf den Gemeinschaftsgestängen

Die Ermittlung der Bahnnetzstruktur erfolgte unter der Berücksichtigung des Redundanzprinzips der Gestaltung der Bahnstreckenversorgung sowie der Anforderungen zur Einhaltung der Versorgungsspannung innerhalb des zulässigen Toleranzbereiches.

Anhand von Untersuchungen ist festgestellt, dass die Einhaltung der Betriebsspannung bei voller Auslastung der betrachteten Strecke durch den Einsatz von drei Unterwerken möglich ist. Das Bahnnetz für die 125-Kilometer-Strecke mit Unterwerken (Umspannwerken, UW) UW A, UW B und UW C ist schematisch in der Abbildung 5.25 dargestellt.
Das Zuführen der Traktionsenergie zu den fahrenden Zügen erfolgt über die Oberleitung OL. Die Oberleitung besteht aus einem Fahrdraht FD (Typ Ri 100, Kupfer) und einem Tragseil TS (Typ Bz 50, Bronze). Die elektrische Energieversorgung des Zuges (des Fahrzeuges) wird durch den Fahrdraht über einen auf dem Dach angebrachten Stromabnehmer verwirklicht [119]. Der Fahrdraht wird am Tragseil aufgehängt, damit der Fahrdraht annähernd horizontal über dem Gleis verläuft. Zur Erhöhung des nutzbaren Leitungsquerschnittes dient eine Verstärkungsleitung VL (Aluminium), die in bestimmten Abständen mit der Oberleitung unmittelbar verbunden ist [119]. Bei Vorhandensein der Verstärkungsleitung wird diese als ein Teil der Oberleitungsanlage verstanden [120]. Die Abbildung 5.26 verdeutlicht der Aufbau der Oberleitung.

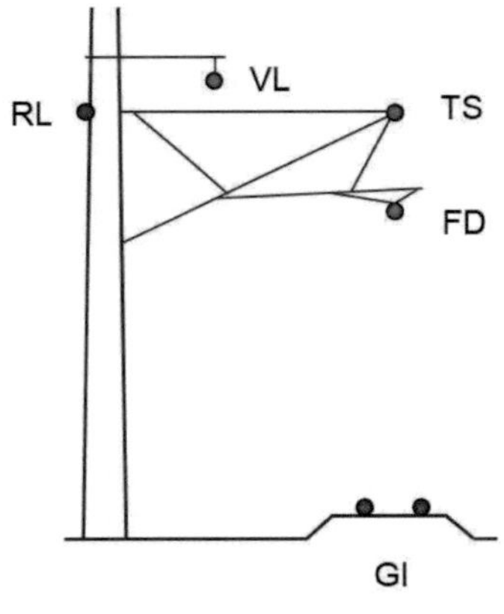

Abb. 5.26: Aufbau der Oberleitung (FD – Fahrdraht, TS – Tragseil, VL – Verstärkungsleitung) und Rückführung (RL – Rückleiter, Gl – Gleise)

Zur Rückführung des Traktionsrückstromes und des Stromes im Fehlerfall werden als Hauptelement die Schienen/Gleise GL (Typ UIC60, Stahl) und das Rückleitungsseil RL (Aluminium) eingesetzt (Abbildung 5.26). Die Fahrschienen sind über das Erdungsseil mit dem Rückleitersseil verbunden und über den Masterder geerdet. Die Schienen sind auch mit der Erdungsanlage des Unterwerkes verbunden. Dadurch wird das Erdreich in die Rückstromführung mit einbezogen [121]. Der Rückleitungsseil ist parallel zum Gleis an den Oberleitungsmasten zusammen mit der Oberleitung mitgeführt. Die Rückleitungsseile sind mit der

Schienen verbunden und gelten als Bahnerde. Die Anwendung von Rückleitungsseilen dient als eine zusätzliche Maßnahme zur Verbesserung der Rückleitungsverhältnisse, zur Verminderung der Intensität der induktiven Beeinflussung durch Oberleitungsströme und zur Verringerung von magnetischer Feldstärke [101]. Die Abbildung 5.27 zeigt schematisch einen Übersichtsplan eines Fahrleitungsnetzes (analog zum Kapitel 4.1). Die Rückstromführung darf an keiner Stelle unterbrochen werden, da lebensgefährliche Differenzspannungen auftreten können [101].

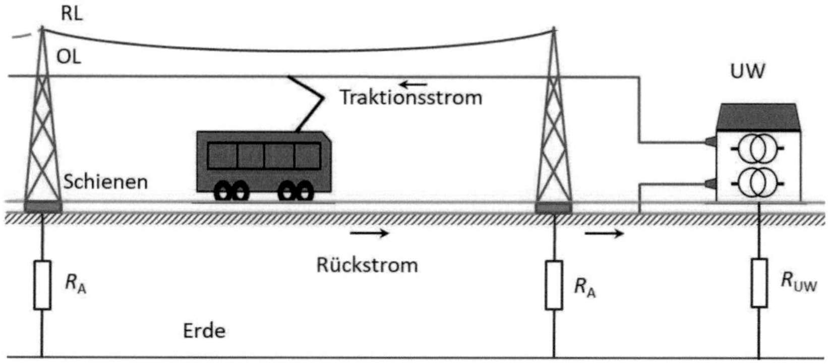

Abb. 5.27: Übersichtsplan eines Fahrleitungsnetzes

Damit die gefährlichen Schritt- und Berührungsspannungen vermieden werden können, müssen die Schienen, die auch für Rückstromführung dienen, geerdet werden. Die Gesamtableitung gegen Erde setzt sich aus der Ableitungen der Gleise über die Schwellen und der Bettung sowie aus den angeschlossenen Erdern zusammen [121]. In der Arbeit wird zur Simulationen der Ableitungswert G_{A} von 0,4 S/km pro Gleis [121] angenommen. Die Erdung der Fahrschienen wird mit den Ausbreitungswiderständen R_{A} zwischen den Schienen und dem Erdrückleiter nachgebildet. Das Schienennetz wird mit den Erdungsanlagen von Bahnunterwerken verbunden. Für die Ausbreitungswiderstände der Erdungsanlagen von Unterwerken ist der Wert R_{UW} angenommen [121]. Die Erdung von Kabelschirmen (für die Betrachtung der parallel geführten DC-Kabel und Bahnnetz, siehe Kapitel 5.7.3) wird durch die Berücksichtigung der ohmschen Widerständen $R_{\mathrm{EK}} = 0{,}4$ Ohm je Erdungspunkt im Modell realisiert. Die Tabelle 5.6 stellt die Größen der Erdungsparameter zusammen.

In der Arbeit werden unterschiedliche Ausgestaltungsmöglichkeiten hinsichtlich des Mastdesigns und der Mastanordnung unter Berücksichtigung der entsprechenden Platzverhältnisse der gegebenen Trasse untersucht (siehe Abbildung A.19, Anhang A). Dabei sind die Gemeinschaftsmaste für die Drehstromleitungen und für die Gleichstromleitungen getrennt.

Tab. 5.6: Erdungsparameter für die Simulation

Parameter	Größe	Quelle
R_{A}, Ohm·km	2,5	[121]
R_{UW}, Ohm	0,07	[121]
R_{EK}, Ohm	0,4	[121]
ρ_{E}, Ohm·m	15	[94]

Zwei Grundvarianten der Beseilung der HöS-Leitung sind betrachtet:

- Bündelleiter (FL – Freileitung mit Leiterseilen),
- Rohrsammelschiene (SS – Rohrsammelschienenleitung).

Die sämtlichen elektrischen und mechanischen Parameter der simulierten Leiter werden standardisiert nach mehreren Literaturquellen angenommen. Die Abbildung 5.28 zeigt beispielhaft die Querschnitte der berücksichtigten Leiter (Bündelleiter, Rohschiene, Fahrdraht und Fahrschiene). Die Ausführungen [121] ermöglichen die Äquivalentierung der komplizierten Querschnitte der Schiene und des Fahrdrahts durch die eforderlichen Kreisringe mit den entsprechenden T/D-Verhältnissen.

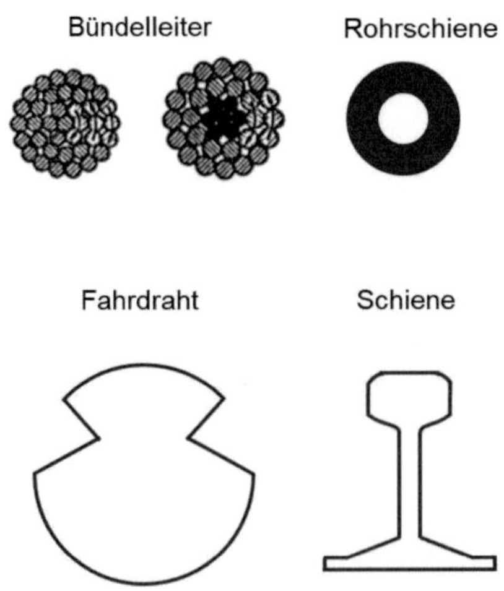

Abb. 5.28: Querschnitte der stromführenden Leiter

Die Untersuchungen der Wechselwirkungen bei der Mitführung der HöS-Leitung und des Bahnnetzes über die Strecke von 125 Kilometer wird computergestützt durchgeführt. Die Abbildung A.21 im Anhang A zeigt das Modell der nachgebildeten 380-kV-HöS-Leitung und des 15-kV-Bahnnetzes. Die Abbildungen A.22 und A.23 im Anhang A stellen die verwendeten Modelle der ±500-kV-HöS-Freileitung, ±500-kV-HöS-Kabel und des 15-kV-Bahnnetzes entsprechend dar.

In der Arbeit werden zwei typische Fälle des Zugbetriebes betrachtet (siehe Abbildung 5.29):

a) ein Zug in UW B, ein Zug in UW C und

b) zwei Züge in UW B.

Im Fall a) wird davon ausgegangen, dass die Zugströme in beiden Abschnitten UW A – UW B und UW B – UW C die gleiche Richtung haben. Im Fall b) fließen die Zugströme in den Abschnitten in entgegengesetzter Richtung.

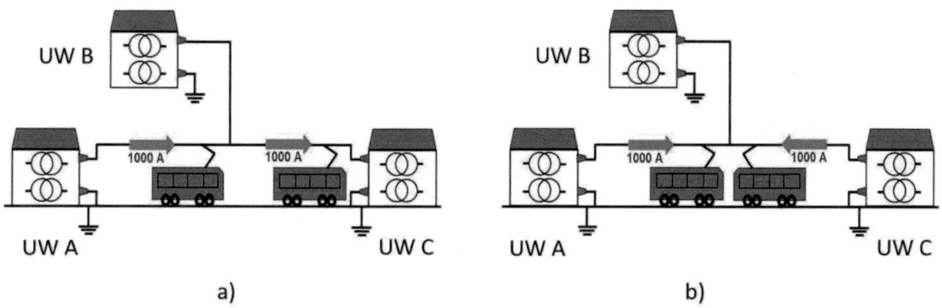

Abb. 5.29: Normalbetriebszustand des 15-kV-Bahnnetzes. a) ein Zug in UW B, ein Zug in UW C; b) zwei Züge in UW B

Der Zugstrom des 16,7-Hz-Bahnnetzes I_{Zugstrom} beträgt 1000 A. Für die Bauart der Oberleitung des 15-kV-Bahnnetzes ist Re 200 [123] angenommen. Unter Berücksichtigung der zulässigen Belastbarkeit der Oberleitung [124] wird die Dauerstrombelastbarkeit der Oberleitung Re 200 I_{Zul} als 1130 A laut [125] zugrunde gelegt.

Nach Kapitel 5.1 wird die Frequenz von 50 Hz auch für die Elektrifizierung der Eisenbahnstrecken verwendet. Konstruktiv werden die 50-Hz-Oberleitungen oft mit den 16,7-Hz-Oberleitungen identisch ausgelegt. Die Anwendung der Frequenz von 50 Hz für die Bahnelektrifizierung bedingt die Erhöhung der Betriebsspannung auf 25 kV, weil die 50-Hz-Impedanzen der Oberleitungen im Vergleich mit den 16,7-Hz-Impedanzen größer sind. Aus diesem Grund wird der Spannungsabfall über die 50-Hz-Oberleitungsimpedanz beim gleichen Stromwert ebenfalls größer als in einem 16,7-Hz-Netz. Die Betriebsspannung von 25 kV entspricht den

Festlegungen der Norm EN-50163 [118] für die Spannungswerte der Bahnenergieversorgung. Die Erhöhung der Betriebsspannung im Bahnnetz auf 25 kV bedingt die Reduzierung des erforderlichen Oberleitungsstromes, um die gleiche elektrische Leistung wie im 15-kV-Netz zu übertragen. Das bedeutet eine niedrigere Stromauslastung der Oberleitung im 25-kV-Netz im Vergleich mit der Auslastung der Oberleitung im 15-kV-Netz. Der Zugstrom des 50-Hz-Bahnnetzes I_{Zugstrom} wird mit 600 A angenommen. Die Bauart der Oberleitung des 25-kV-Bahnnetzes ist als Re 250 sowie die thermisch zulässige Dauerstrombelastbarkeit der Oberleitung dieser Bauart I_{Zul} als 1226 A nach [125] zugrunde gelegt.

5.7.1 380-kV-Freileitung (50 Hz) und 15-kV-Oberleitung (16,7 Hz) oder 25-kV-Oberleitung (50 Hz)

Die Leiteranordnung der zusammengeführten 380-kV-Leitungen und der Bahnleitung an dem Gemeinschaftsmast ist in der Abbildung A.20 a) im Anhang A gekennzeichnet.
Anhand der Berechnungsergebnisse ist festgestellt, dass die in der Oberleitung induzierten 50-Hz-Ströme einige 100 A betragen können. Die berechneten Werte der induzierten 50-Hz-Ströme- und Spannungen im Normal- und Fehlerzustand des 380-kV-Netzes sind in Abbildung 5.30 dargestellt.
Es ist festgestellt, dass keine nennenswerten Unterschiede hinsichtlich der Auslastung der einzelnen Oberleitungskomponenten zwischen den Varianten der Leitungsauslegung als Freileitung mit Bündelleitern oder als DC-Leitung mit Rohrschienen unter den normalen Betriebsbedingungen auftreten.
Die Auslegungsvariante AC HöS, V2 (siehe Abbildung A.19, Anhang A) ist durch die maximalen Stromauslastungen charakterisiert, da die Beeinflussung der AC-Phasenleiter durch die ungüngstigtste geometrische Lage am Mast am höchsten ist. Laut der Berechnungsergebnisse wird die Oberleitung um maximal etwa 6 Prozent gegenüber dem zulässigen Dauerstrom im Normalbetriebszustand überlastet. Nähere Informationen zu den Berechnungsergebnissen der Auslegungsvarianten sind aus der Publikation [25] zu entnehmen.
Die Fehlervorgänge im 380-kV-Netz verursachen eine weitere Erhöhung der Stromüberlastung der Oberleitungskomponenten (siehe Abbildung 5.30 a), so wurde bspw. das Tragseil TS um bis zu 90 Prozent beim Eintreten des 1-poligen Kurzschlusses am 380-kV-Netz im UW 1 überlastet.
Ein weiterer Effekt der 50-Hz-Beeinflussung ist die Spannungserhöhung an den 15-kV-Netzknotenpunkten (Abbildung 5.30 b)). Anhand der Berechnungsergebnisse wurde festgestellt,

dass die 50-Hz-Spannungskomponenten im Bahnnetz den Wert von 1,25 kV unter den normalen Betriebsbedingungen nicht überschreiten. Das entspricht der Spannungserhöhung um 5 Prozent gegenüber dem Nennspannungswert im Oberleitungsnetz. Unter der Berücksichtigung des Spannungstoleranzbereiches von 12 bis 17,25 kV [118] kann diese Spannungserhöhung als eine zulässige Spannungsänderung betrachtet werden.

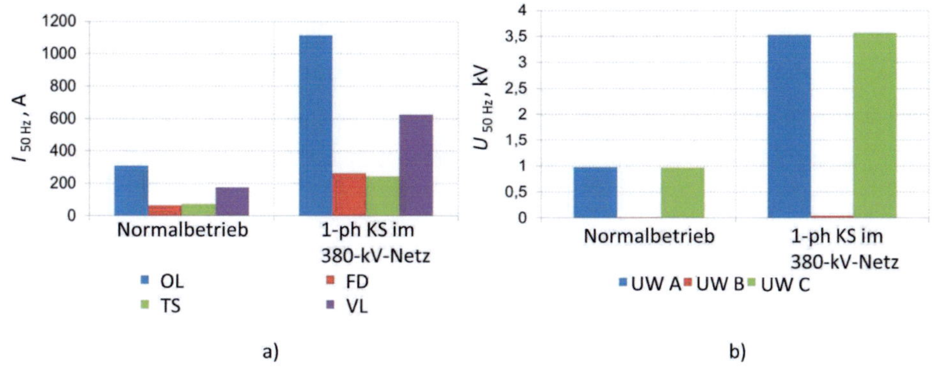

Abb. 5.30: Induzierte a) 50-Hz-Ströme und b) 50-Hz-Spannungen in der Oberleitung des 16,7-Hz-Bahnnetzes im Normalbetrieb und beim 1-ph-Kurzschluss im 380-kV-Netz

Bei den Untersuchungen des Einflusses der 380-kV-Freileitung auf das 25-kV-Bahnnetz mit 50 Hz (siehe Kapitel 5.1) ist festgestellt, dass die induzierten Ströme in der Oberleitung von mehr als 300 A auftreten können. Dieser Wert entspricht ca. 50 Prozent des Zugbetriebsstromes im 25-kV-Bahnnetz. Aus der Abbildung 5.31 ist ersichtlich, dass sich die induzierten 50-Hz-Ströme in Abhängigkeit von der betrachteten Bahnstrecke unterschiedlich auswirken.

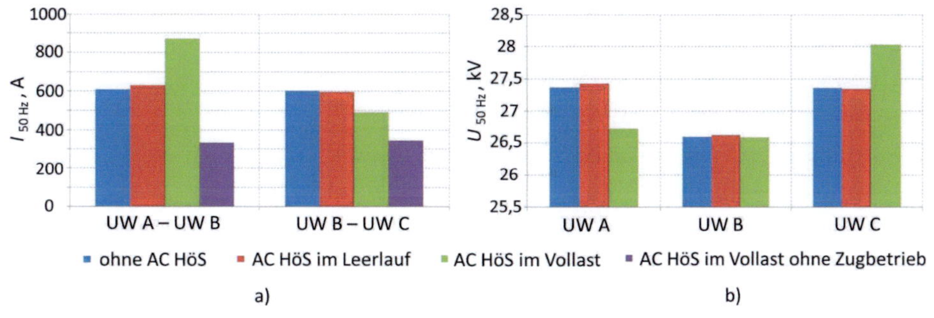

Abb. 5.31: a) 50-Hz-Oberleitungsströme und b) 50-Hz-Oberleitungsspannungen des 50-Hz-Bahnnetzes beim Einfluss der 380-kV-Freileitung

Der induzierte 50-Hz-Strom erhöht die Stromauslastung der Bahnstrecke UW A – UW B und reduziert zeitgleich die Stromauslastung der Strecke UW B – UW C. Der Grund dafür sind die Unterschiede in den Phasenlagen der längenbezogenen Quellenspannung $\underline{U}_{BQ}$ und den jeweiligen Zugströmen (hängt von den Standorten der Züge ab). Die 380-kV-Freileitung wirkt somit als eine zusätzliche Speisequelle für die Oberleitung.

Aus der Abbildung 5.31 a) ist weiter erkennbar, dass die kapazitive Strombeeinflussung seitens der 380-kV-Freileitung gering ist (zu vergleichen: ohne AC HöS und AC HöS im Leerlauf). Die Abbildung 5.31 b) verdeutlicht den Beeinflussungseffekt der Spannungserhöhung an den 25-kV-Knotenpunkten. Hier ist erkennbar, dass die Spannung am Knotenpunkt UW C die nach [118] festgelegte zulässige Grenze von 27,5 kV aufgrund der Beeinflussung der 380-kV-Leitung übersteigen kann.

Dabei muss durch diesen Beeinflussungseffekt die mögliche Erhöhung der Berührungsspannung an den Schienen beachtet werden. Die 50-Hz-Spannungen im Oberleitungssystem, die durch den Betrieb der AC HöS-Leitung entstehen, müssen bei der Planung und Durchführung von Wartungs- und Reparaturarbeiten in Eisenbahnsystemen berücksichtigt werden. Die nach [119] definierten Grenzen der zulässigen Berührungsspannungen für elektrische Bahnen und auch für die Oberleitung dürfen nicht überschritten werden.

Unter der Annahme, dass jeder Leiter des Oberleitungsnetzes durch die jeweilige 16,7-Hz- oder 50-Hz-Stromkomponente vollständig belastet werden kann, wird der Stromeffektivwert I_{Eff} im beeinflussten Leiter wie folgt ermittelt:

$$I_{\text{Eff}} = \sqrt{I^2_{\text{Zugstrom}} + I^2_{50\ \text{Hz}}} \tag{5.2}$$

mit:

I_{Zugstrom} – Zugstrom des 16,7-Hz- oder 50-Hz-Bahnnetzes;

$I_{50\ \text{Hz}}$ – induzierter Wert der 50-Hz-Stromkomponente.

Die Abbildung 5.32 stellt die 16,7-Hz- und die 50-Hz-Oberleitungsströme gegenüber. In der Abbildung 5.32 ist I_{Zul} der zulässige Wert der Dauerstrombelastbarkeit des jeweiligen Leiters. Aus der Abbildung 5.32 geht hervor, dass die 50-Hz-Oberleitungen im Vergleich zu den 16,7-Hz-Oberleitungen bei gleichen Bahn- und HöS-Leitungsbetriebszuständen weniger ausgelastet sind. Auch die einzelnen Leiter der 50-Hz-Oberleitung sind nicht voll ausgelastet.

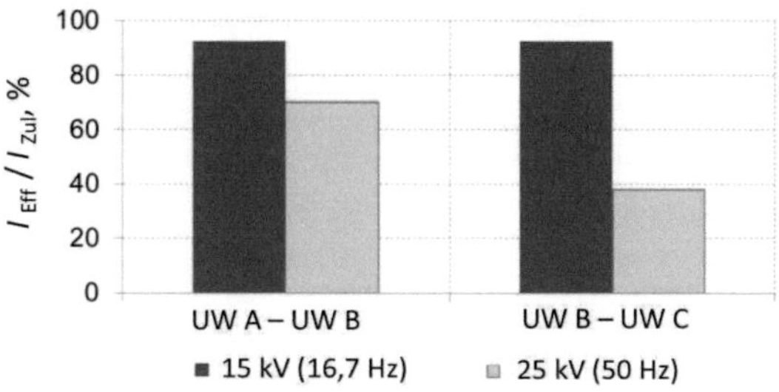

Abb. 5.32: Auslastung der Oberleitung im Normalbetriebszustand des 380-kV-Netzes. Hier ist I_{Zul} = 1130 A für 16,7-Hz-Bahnnetz und I_{Zul} = 1226 A für 50-Hz-Bahnnetz

5.7.2 +/-500-kV-Freileitung (DC) und 15-kV-Oberleitung (16,7 Hz) oder 25-kV-Oberleitung (50 Hz)

Die Abbildung A.20 b) im Anhang A zeigt die Leiteranordnung der HGÜ-Leitung mit der Oberleitung auf dem Gemeinschaftsmast im betrachteten Fall.Wie im Kapitel 5.6.1 erwähnt, wird hier bei dieser betrachteten Bündelungsoption auch keine Beeinflussung durch elektromagnetische Induktion seitens der DC-Leitung auf das 15-kV-Netz eintreffen.

Im Gegensatz verursachen die Ströme des 15-kV-Oberleitungsnetzes die induzierten 16,7-Hz-Stromkomponenten in der DC-Leitung. Die Höhe der induzierten 16,7-Hz-Ströme hängt vom Betriebszustand der 15-kV-Bahnnetzes sowie von der Auslegung der DC-Freileitung ab.

In Normalbetriebszustand des 15-kV-Netzes können die induzierten 16,7-Hz-Stromkomponenten in der DC-Leitung den Wert von 15 A erreichen. Das entspricht dem Fall, das sich ein Zug in UW B und ein Zug in UW C befinden (siehe Abbildung 5.29). Für den Fall, das sich zwei Züge in UW B befinden, werden die induzierten 16,7-Hz-Ströme deutlich kleiner und erreichten den Wert von 0,5 A.

Die Beseilung der DC-Leitung als Freileitung mit Bündelleitern oder mit Rohrschienen hat in allen Varianten der Leitungsauslegung keine wesentlichen Unterschiede ergeben.

Durch den Betrieb des Bahnnetzes können die induzierten 16,7-Hz-Ströme in der DC-Leitung die Telekommunikationsleitungen und Fernmeldeanlagen störend beeinflussen. Ein Maß für eine solche Störung ist der psophometrische Störstrom [126]. In [127] wurde angedeutet, dass der psophometrisch gewichtete Strom in einem DC-Leiter den Wert von 200 mA nicht überschreiten darf. Die Ermittlung des psophometrischen Stromeffektifwertes I_{ps} erfolgt nach der Vorschrift [128]:

$$I_{ps} = \frac{1}{p_{800}} \sqrt{\sum (p_f \cdot I_f)^2} \tag{5.3}$$

mit:

I_f – Strom der Frequenz f, A,

p_f – Gewichtungsfaktor für die Frequenz f,

p_{800}= 1000 – Gewichtungsfaktor für die Frequenz 800 Hz.

Für die Frequenz $f = 16,7$ Hz beträgt der Gewichtungsfaktor $p_f = 0,056$ und für 50 Hz ist der Gewichtungsfaktor $p_f = 0,71$ [128].

Die berechneten Werte des psophometrischen Stromeffektifwertes in den DC-Leitern, die durch die Ströme in 16,7-Hz- oder 50-Hz-Oberleitung induziert sind, zeigt die Abbildung 5.33. Es ist ersichtlich, dass die induzierten Ströme wesentlich vom Betriebszustand des Bahnnetzes abhängig sind. Der Standort der Züge ist dabei entscheidend. In Abbildung 5.33 ist zu sehen, dass der festgelegte Richtwert von 200 mA durch die induzierten 16,7-Hz-Ströme in der DC-Leitung nicht überschritten wird.

Bei dem Vergleich der Ergebnisse a) und b) in der Abbildung 5.33 kann man schlussfolgern, dass die Wechselwirkungen zwischen der DC-Leitung und der 15-kV/16,7-Hz-Oberleitung sowie die Wechselwirkungen zwischen der DC-Leitung und der 25-kV/50-Hz-Oberleitung ähnlich sind.

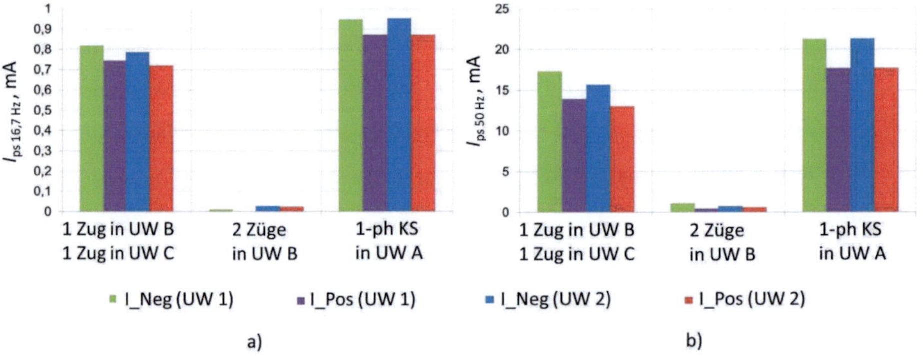

Abb. 5.33: Psophometrische Ströme in den HGÜ-Leiter induziert durch a) 16,7-Hz-Bahnnetz und b) 50-Hz-Bahnnetz

Während der Untersuchungen wird angenommen, dass das bipolare HGÜ-System mit einem zuschaltbaren Neutralleiter zur Realisierung des monopolaren Betriebes aufgebaut ist. Der monopolare HGÜ-Betrieb kann beim Ausfall des Polleiters oder des Stromrichters, der die Polspannung generiert, entstehen.

Die Anbindung des Neutralleiters auf die kombinierten HGÜ-OL-Masten verursacht eine Einfluss seitens des Oberleitungsnetzes nicht nur auf die DC-Polleiter, sondern auch auf den Neutralleiter. Die Abbildung 5.34 illustriert die Beeinflussungseffekte in Abhängigkeit von der Erdung des Neutralleiters.

Aus der Abbildung 5.34 ist zu erkennen, dass der Betrieb des 16,7-Hz-Oberleitungsnetzes die 16,7-Hz-Potenzialanhebungen im Kilovolt-Bereich am Neutralleiter verursacht. Des Weiteren geht aus der Abbildung 5.34 hervor, dass die 16,7-Hz-Spannungen am Neutralleiter überwiegend influenziert bzw. durch die kapazitiven Verbindungen zwischen den Gleichstrom- und Bahnnetz verursacht sind, weil diese Spannungen auch an dem vom der Erde isolierten Neutralleiter existieren. Beim Fehlervorgang im Bahnnetz vergrößern sich die influenzierten 16,7-Hz-Spannungen relativ unwesentlich. Nur im Fall der beidseitigen Erdung des Neutralleiters wachsen die 16,7-Hz-Spannungen um ca. 2 kV in der Mitte der DC-Leitung, weil der im Neutralleiter induzierte 16,7-Hz-Strom von 392 A auch zusätzliche Spannungsanteile erzeugt.

Der bei Normalbetrieb induzierte Strom im beidseitig geerdeten Neutralleiter beträgt 335 A. Die Ergebnisse sind für die Variante DC HöS V1 (Abbildung A.19, Anhang A) dargestellt.

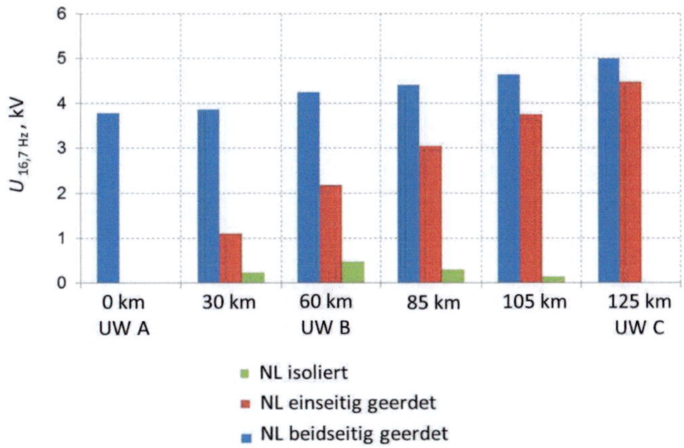

Abb. 5.34: Influenzierte 16,7-Spannungen am Neutralleiter im Normalbetriebszustand des 15-kV-Bahnnetzes

In der vorliedenden Arbeit wird die Bewertung der Größe des zu erwartenden Koronastromes auf der Basis der Richtlinien [129] vorgenommen. Anhand von analytischen Verfahren in [129] ist der DC-Koronastrom von etwa 0,6 mA/km für die betrachtete Hybridleitung ermittelt. Das entspricht ca. 0,8 Prozent des maximalen Koronastromwertes. Die in [129] ge-

troffenen Annahmen werden anhand von Simulationen der Koronaentladungsvorgänge mit dem Einsatz der Software ANYPOLE [130] überprüft und bestätigt.
Die Ergebnisse der Digitalsimulationen der Koronastrom-Injektion in das 15-kV-Oberleitungsnetz haben gezeigt, dass der Einfluss von injizierten Gleichströmen auf die zusätzliche Sättigung des Transtormatorkernes vernachlässigbar ist.

5.7.3 +/-500-kV-Kabel (DC) und 15-kV-Oberleitung (16,7 Hz)

Die Verlegung der DC-Kabelleitung nahe einer Oberleitung führt zu ähnlichen Ergebnisse, wie sie für metallische Rohrleitungen in der Nähe von Wechselstromleitungen bekannt sind [30]. Die Kabeladern sind durch die Kabelschirme gegen die störenden Beeinflussungen gut geschützt. Im Gegensatz dazu werden in den Kabelschirmen und in den Rohrleitungen Ströme und Spannungen induziert. Die Abbildung A.20 c) im Anhang A zeigt die Variante der Auslegung der parellel geführten Bahn- und HGÜ-Kabeltrassen. Die Abstände zur Bahngleisachse werden bei den Berechnungen variiert. Das für die Untersuchungen verwendete Modell, das in der Abbildung A.23 im Anhang A dargestellt ist, berücksichtigt die galvanische und die induktive Kopplung der parallel geführten DC-Kabel- und 16,7-Hz-Oberleitungsnetze.
Die berechneten Werte der induzierten 16,7-Ströme in den DC-Kabelschirmen, die durch das 15-kV-Oberleitungsnetz verursacht werden, sind in Abbildung 5.35 dargestellt. Aus der Abbildung 5.35 ist zu erkennen, dass die 16,7-Hz-Ströme in den Kabelschirmen hauptsächlich durch die elektromagnetische Induktion seitens des 15-kV-Bahnnetzes und nicht durch die galvanische Verbindung zwischen der Erdung des Kabelschirms und der Gleiserdung verursacht sind.

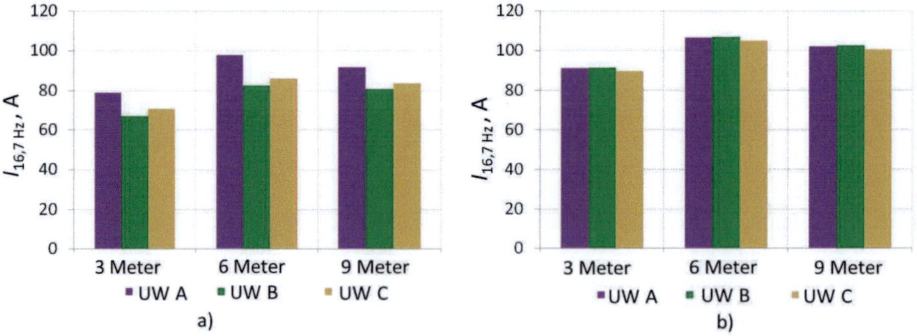

Abb. 5.35: Induzierte 16,7-Ströme im geerdeten Kabelschirm in Abhängigkeit vom Abstand zwischen dem Kabel und dem Oberleitungsmast a) ohne galvanische Verbindung zur Gleiserdung und b) mit galvanischer Verbindung zur Gleiserdung

Durch die Variierung des Abstandes zwischen dem Kabel und dem Oberleitungsmast in betrachteten räumlichen Grenzen entstanden keine wesentliche Änderungen der induzierten Ströme.
Anhand der Berechnungen vergrößern sich die induzierten 16,7-Hz-Ströme in den Kabelschirmen beim Kurzschluss im 15-kV-Bahnnetz signifikant. Die induzierten 16,7-Hz-Ströme können den Wert von ca. 250 A erreichen, welcher ca. 150 Prozent Erhöhung des induzierten Stromes im Normalbetriebszustand beträgt.
Die induzierten Ströme können in Kabelschirmen eine Korrosion verursachen. Aus diesem Grund müssen die Anforderungen des Korrosionsschutzes bei der Ausführung der Erdung des Kabelschirms berücksichtigt werden [30]. Es ist zu beachten, dass das Trennen des Kabelschirmes von der Erdung zu unzulässigen Werten der Berührungsspannungen an dem Kabelschirm führen kann.

5.7.4 Einfluss auf die Stahl- bzw. Stahlbetonbrücken

Ein weiterer Untersuchungsschwerpunkt besteht aus der Bewertung des Einflusses der zusammengeführten 380-kV-Leitungen (50 Hz) und 15-kV-Bahnstromleitung (16,7 Hz) auf die Stahlkonstruktion der Brücken. Betrachtet wird die Balkenbrücke mit zwei Stahlträgern, Stützweiten und Balken mit I-Profilen (siehe Abbildung 5.36 und Tabelle 5.7). Die Feldweite und die Länge der simulierten Brücke werden mit 6 Meter beziehungsweise 70 Meter angenommen.
Für diesen Fall ist der Gemeinschaftsmast betrachtet, welcher in Abbildung A.20 a) im Anhang A dargestellt ist.

Abb. 5.36: Beispiel der Balkenbrücke

Bei Eisenbahnbrücken muss die Erdung als Schutzmaßnahme vorgesehen werden, um unzulässige Potenzialanhebungen an den Metallteilen der Brücke in der Nähe der Bahnstromleitungen zu vermeiden. Die Erdung der Eisenbahnbrücken ist unmittelbar durch die elektrische Verbindung der benachbarten Bauteile mit der Eisenbahnerdung realisiert.

Tab. 5.7: Abmessungen der Balken, in Anlehnung an [131]

Steg		t_O Ober- und t_U Untergurt (Breite des Gurtes 600 mm)	
$h_S = 1430$ mm	$t_S = 20$ mm	$t_O = 30$ mm	$t_U = 40$ mm

Das Schienennetz ist sowohl mit den Erdungsanlagen der Bahnunterwerke als auch mit der Erdung der Brücke verbunden. Die Erdungsparameter sind aus der Tabelle 5.6 entnommen. In der Abbildung 5.37 a) und b) sind die Konstruktion der Balkenbrücke im Querschnitt und die Ansicht der Balke dargestellt. Die Größe der Balken hängt von vielen Faktoren wie z. B. statischen Anforderungen, Trag- und Dehnungsfähigkeit, Stabilität und Stahlgüte der Balken ab. Ober- und Untergurt spielen für die Momententragfähigkeit die wichtigste Rolle. Stege haben die Aufgabe, die Ober- und Untergurte miteinander zu verbinden. Die Wahl der Stege erfolgt meistens auf der Grundlage der erforderlichen Querkrafttragfähigkeit.

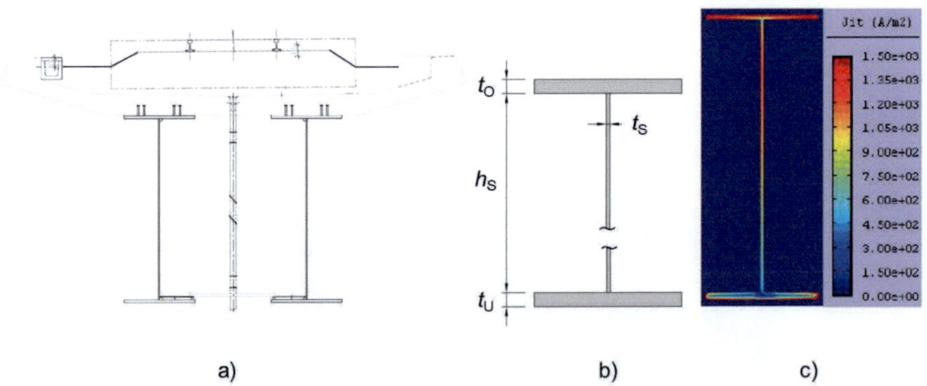

Abb. 5.37: a) Querschnitt der Balkenbrücke, b) Ansicht der Balken in Anlehnung an [133], [134] und c) Stromdichte in Brückenbalken. Die Abmessungen sind aus der Tabelle 5.7 zu entnehmen

Aufgrund der programmtechnisch bedingten Einschränkungen der MATLAB/Simulink zur Nachbildung von beliebigen geometrischen Formen werden die Brückenbalken mit den I-Querschnitten als die äquivalente stabförmige Konstruktion im Modell berücksichtigt. Bei der Äquivalentierung wird sowohl auf die Anpassung der Querschnitte als auch auf die weitgehende Identität der induzierten Stromwerte geachtet. Die Äquivalentierung wird mit dem Einsatz der Software für die FEM-Simulation (Finite-Elemente-Methode) „Agros2D“ [106] durchgeführt. Die Abbildung 5.37 c) verdeutlicht die Simulationsergebnisse nach Agros2D und stellt die Verteilung der im Brückenbalken induzierten Ströme dar.

In der Abbildung 5.37 c) ist ersichlich, dass die Werte der induzierte Stromdichte höher als 1000 A/m^2 sind. Ähnliche Ergebnisse wurden in [132] für den Balken nahe dem Fahrdraht berechnet.

In [135] wurde festgestellt, dass die AC-Korrosion dann auftritt, wenn die Wechselstromdichte über 100 A/m^2 liegt. Unter diesem Aspekt können die berechneten Werte der Stromdichte (Abbildung 5.37 c)) als Grund für mögliche Wechselstromkorrosion betrachtet werden. Es ist zu beachten, dass weitere Faktoren wie die induzierte Spannung in den Balken, der Bodenwiderstand usw. ebenfalls berücksichtigt werden sollten, um die Möglichkeit der Wechselstromkorrosion richtig einzuschätzen.

Für die Modellierung der Brücke werden die stabförmigen Balken mit dem Durchmesser von 30 Zentimeter angenommen. Die Abbildungen A.24 und A.25 im Anhang A stellen ein vereinfachtes Modell der Eisenbahnbrücke mit kreisförmigen äquivalenten Brückenbalken B1 und B2 und einen Ausschnitt aus dem Berechnungsmodell mit der expliziten Darstellung der Brücke dar. Die Brückenerdung ist mit der Gleiserdung im verwendeten Modell gekoppelt. Die Positionen der äquivalenten Brückenbalken auf der gleichen Höhe mit den Gleisen charakterisieren die Beeinflussungen der metallischen Brückenteile, die von menschlichen Personen am häufigsten direkt berührt werden können.

Nach den Berechnungen ist festgestellt, dass die 50-Hz-Ströme, die in der Brücke fließen, Größen von über 100 A erreichen können. Die Größe der induzierten Ströme hängt von der Mastanordnung der beeinflussenden Leitungen ab. Die Ergebnissdarstellung ist der Abbildung A.26 im Anhang A zu entnehmen.

Die Abbildung 5.38 stellt die induzierten 50-Hz-, 16,7-Hz-Ströme sowie die gesamten induzierten Stromeffektivwerte in der Brücke mit und ohne galvanische Verbindung zwischen den Gleis- und Brückenerdungen dar. Es ist ersichtlich, dass die induzierten 16,7-Hz-Ströme in den betrachteten Stahlbrücken höher als die 50-Hz-Ströme sind.

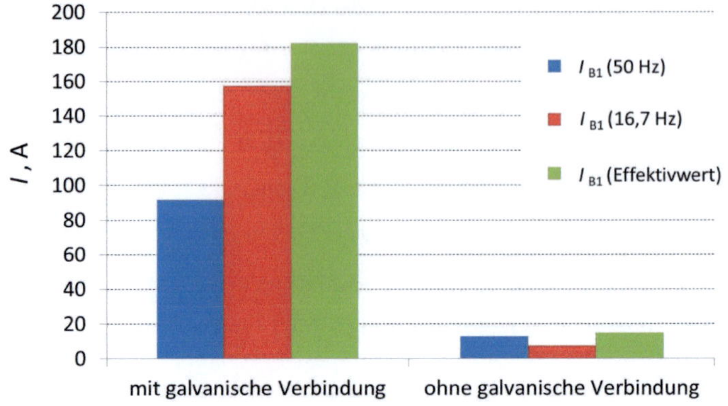

Abb. 5.38: Induzierte Ströme in der Eisenbahnbrücke mit und ohne galvanische Verbindung zwischen den Gleis- und Brückenerdungen (V1: 50-Hz-Freileitung und 16,7-Hz-Bahnleitung)

Im Kurzschlussfall im 380-kV-Netz erreichten die induzierte Effektivwertströme den Wert von 315 A. Diese Stromwerte können zu einer erhöhten Korrosion führen.

Die Erdungsspannung (Effektivwert) beträgt im Falle der galvanischen Verbindung zwischen den Gleis- und Brückenerdungen 45 V.

Aus der Abbildung 5.38 geht hervor, dass die berechneten Ströme in der Brücke hauptsächlich durch die galvanischen Verbindungen mit den Gleisen zustande gekommen sind. Daraus ergibt sich, dass die Auslegung des Erdungssystems bei der Analyse der Beeinflussung von Freileitungen auf die metallische Teile (wie Stahlbrücke) berücksichtigt werden muss.

5.7.5 Berührungsspannung im Gleisbereich der Bahnleitung

Für die Berechnung der Berührungsspannung wird in diesem Kapitel das in der vorliegenden Arbeit vorgeschlagene Verfahren nicht angewendet. Da die betrachtete Konfiguration der Parallelführung in der Praxis realisiert werden kann, wird die Berührungsspannung nach der VDE-Norm 0141 [95] ermittelt. Dafür werden die Berechnungen der Gleis-Erde-Spannungen durchgeführt. Danach ist möglich, die Berührungsspannung nach [95] einzuschätzen.

Um die gefährlichen Berührungsspannungen und auch die Schrittspannungen im Gleisbereich zu vermeiden, sollen die Fahrschienen geerdet werden. In Abbildung 5.35 sind die berechneten Ergebnisse der Gleis-Erde-Spannungen mit und ohne Berücksichtigung der galvanischen Verbindung zwischen der Erdung des Kabelschirmes und der Gleiserdung dargestellt. Aus der

Abbildung 5.39 ist erkennbar, dass das Vorhandensein der galvanischen Kopplung zwischen den Kabelschirmen- und Gleiserdungssystemen eine Reduzierung der Gleis-Erde-Spannung ergibt. Im Fall des Kurzschlusses im 15-kV-Netz erhöhen sich die Gleis-Erde-Spannungen deutlich. Im ungüngstigten Fall erreicht die Gleis-Erde-Spannung den Wert von 100 V, was als kritisch angesehen werden kann.

Anhand der Ergebnisse ist festgestellt, dass eine Reduzierung des Erdungswiderstandes der Kabelanlage eine weitere Verringerung der Gleis-Erde-Spannung verursacht. Es sei angemerkt, dass die Gleis-Erde-Spannung grundsätzlich vom Erdungswiderstand abhängig ist. Da der Erdungswiderstand größer als Null ist, existiert die Gleis-Erde-Spannung auch beim normalen Betrieb der Fahrleitung. Der Stromfluss vom Triebfahrzeug in den Schienen zurück zum Unterwerk verursacht die Gleis-Erde-Spannung. Durch die Anpassung des Erdungswiderstandes der Bahnerdung wird gewährleistet, dass die Gleis-Erde-Spannung den zulässigen Grenzwert nicht überschreitet.

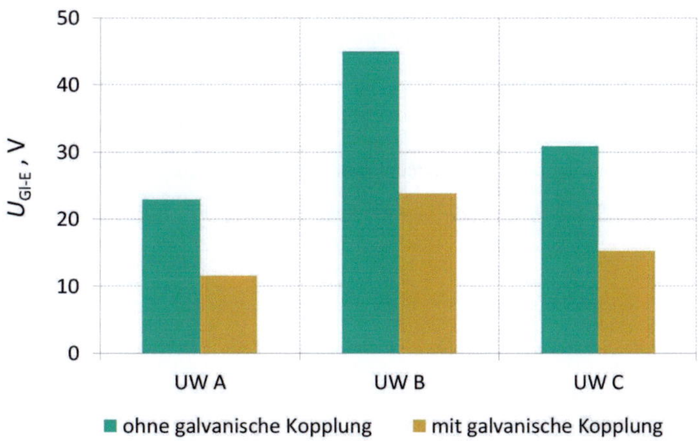

Abb. 5.39: Gleis-Erde-Spannungen ohne und mit der galvanischer Kopplung zwischen der Gleiserdung und der Schirmerdung

Laut der VDE-Norm [95] darf die Berührungsspannung den zulässigen Wert nicht überschreiten. Die Forderung wird dann eingehalten, wenn die Bedingung $U_{\mathrm{E}} \leq 2 \cdot U_{\mathrm{Tp}}$ nicht verletzt wird (siehe Kapitel 4.1.1 Gleichung 4.2). U_{Tp} ist die zu erwartende maximale Berührungsspannung. Damit ist es möglich, anhand der Erdungsspannung U_{E} (im betrachteten Fall die Gleis-Erde-Spannung $U_{\mathrm{Gl-E}}$) den Wert der Berührungsspannung grob einzuschätzen. Der Maximalwert der Gleis-Erde-Spannung im Normalfall beträgt 46 V (Abbildung 5.39).

Nach der oben erwähnte Bedingung kann die Berührungsspannung im Normalbetrieb den Wert von 23 V erreichen. Beim Kurzschlussfall im 15-kV-Netz nach Berechnungsergebnissen wird die Gleis-Erde-Spannung der Wert von ca. 100 V erreichen. Die Berührungsspannung im Kurzschlussfall kann nach der groben Einschätzung unter der genannten Bedingung 50 V betragen, dies wird als kritisch angesehen. Hierbei wird die zulässige Berührungsspannung überschritten und die Bedingung nach VDE [95] kann nicht eingehalten werden.

Fazit zum Kapitel 5.7:

Bei der Zusammenführung von 380-kV-Stromübertragungssystemen und Bahnnetz werden sowohl im Normalbetrieb- als auch bei Fehlerzuständen erhebliche induzierte 50-Hz-Ströme im Bahnnetz verursacht. Dadurch kann der Bahnbetrieb gestört werden.
Auf der anderen Seite kann das 16,7-Hz-Bahnnetz als Störungsfaktor bestehen. Durch den Betrieb des Bahnnetzes werden erhebliche 16,7-Hz-Ströme in die DC-Freileitung induziert. Diese 16,7-Hz-Ströme müssen auf den psophometrischen Störstrom geprüft werden, wenn analoge Signalträger vorhanden sind.
In Abhängigkeit von der Anordnung des Neutralleiters des HGÜ-Systems kommt es in den anderen DC-Leitern zu einer unterschiedlichen induzierten Spannung. In den HGÜ-Kabelschirmen und in den Stahl- bzw. Stahlbetonbrücken können die induzierten 16,7-Ströme eine Korrosion hervorrufen.
Sowohl der Normalbetriebszustand als auch die Fehlerzustände des 380-kV-Netzes verursachen erhebliche induzierte 50-Hz-Ströme in den Stahl- bzw. Stahlbetonbrücken. Diese Ströme durchdringen hauptsächlich die bestehenden galvanischen Verbindungen zwischen den Gleis- und Brückenerdungen in der Brückenkonstruktion.
Die Berührungsspannung im Gleisbereich der Bahnleitung ist nach VDE-Norm [95] grob ermittelt. Im Normalbetrieb liegt der eingeschätzte Wert unter der zulässigen Grenze. Beim Kurzschlussfall im Bahnnetz kann die Größe der Berührungsspannung als kritisch angesehen werden. Hier ist es erforderlich, die Berührungsspannung exakter zu ermitteln.

6 Zusammenfassung und Ausblick

6.1 Zusammenfassung

Aufgrund der Schwierigkeiten, neue Korridore für die zusätzlichen Hoch- und Höchstspannungsleitungen in dicht besiedelten Ländern mit entwickelter Infrastruktur zu schaffen, steigt der Bedarf an Trassenbündelung der Leitungen von verschiedenen Spannungsebenen und Frequenzen. Durch die Trassenbündelung entstehen die Wechselwirkungen, die den Betrieb von Netzen störend beeinflussen können.

Aus diesem Grund widmet sich die vorliegende Arbeit der Analyse von Wechselwirkungen bei der Bündelung von Leitungen des Hoch- und Höchstspannungsnetzes unterschiedlicher Frequenz und Nennspannung und Untersuchungen zu den möglichen Gefahren für Betrieb. Ebenfalls bei den gebündelten Leitungen können die induzierten Spannungen zu gefährlichen Fehlerspannungen und somit zu gefährlichen Berührungsspannungen führen. Dieser Einfluss muss bei der Durchführung von Instandsetzungsarbeiten der Leitungen berücksichtigt werden. Bei Arbeiten auf der abgeschalteten Leitung können die Berührungsspannungen unzulässige Grenzwerte erreichen. Die Größe der Berührungsspannung kann durch die mathematische Modellierung berechnet werden. Heutzutage fehlen die einheitlichen Hinweise bzw. Empfehlungen zur Berechnung der gefährlichen Berührungsspannungen. Die Frage nach der Bestimmung der Berührungsspannung bei der gebündelten Leitungsführung bleibt offen. Angesichts dessen wird in der Arbeit die Methodik zur mathematischen Modellierung der zu erwartenden Berührungsspannungen bei den gebündelten Leitungen entwickelt.

In der vorliegenden Arbeit wird zunächst das Beeinflussungsmodell für die Berücksichtigung von Wechselwirkungen aufgrund von kapazitiver und induktiver Kopplung zwischen gebündelten Leitungen vorgeschlagen. Das Modell hängt von mehreren Parametern ab, z. B. Länge des zusammengeführten Abschnittes, Abstand zwischen den Leitungen, Größe des fliessenden Stromes. Die Implementierung des Beeinflussungsmodells und des entwickelten Verfahrens zur Berechnung von Berührungsspannungen erfolgt mit dem Ziel, dass die gewonnenen Ergebnisse validiert werden können. Die Ergebnisse sind mit Messungen in einem Feldtest validiert. Der Vergleich der Mess- und Berechnungsergebnissen zeigt, dass die entwickelten mathematischen Netzmodelle mit gebündelten Leitungen funktionsfähig sind und eine Näherung zum reales Netz darstellen. Aufgrund dieser Schlussfolgerung kann das hier entwickelte Verfahren zur Ermittlung der Berührungsspannungen in den existierenden sowie in den neu geplanten Netzen mit gebündelten Leitungen angewendet werden.

Die vorliegende Arbeit beantwortet zwei Forschungsfragen:

1. *Welche Wechselwirkungen bei den Trassenbündelungen können im Normalbetriebszustand und Fehlerfall auftreten und welches Beeinflussungsmodell für praktische Aufgaben soll verwendet werden?*

2. *Wie sicher ist die Arbeit an der abgeschalteten gebündelten Leitung und wie wird die unzulässige Berührungsspannung berechnet?*

Ganz allgemein kann die erste Frage mit drei Hauptwirkungen beantwortet werden. Das sind:

- kapazitive Beeinflussung,
- induktive Beeinflussung,
- ohmsche (galvanische) Beeinflussung

In der Arbeit werden drei ausgewählte Fallstudien (laut Tabelle 2.1) untersucht. Das sind die Varianten der Bündelung von Leitungen unterschiedlicher Nennspannung und Frequenz:

- *Variante* 1. 110-kV-Freileitung (50 Hz) und 380-kV-Freileitung (50 Hz)
- *Variante* 2. 380-kV-Freileitung (50 Hz) und ± 500-kV-Freileitung (DC)
- *Variante* 3. Übertragungsleitung und Oberleitung des Bahnnetzes

Aus den Ergebnissen der durchgeführten Untersuchungen kann **die erste Forschungsfrage** für die drei Fallstudien im Folgenden beantwortet werden.

Für die *Variante* 1 lässt sich zusammenfassend feststellen:

Durch die Beeinflussung des 380-kV-Netzes kann eine Erhöhung der Sternpunktverlagerung im kompensierten 110-kV-Netz entstehen. Der Wert der Spannungsverlagerung kann den festgelegten Grenzwert überschreiten. Anhand von Maßnahmen wie der Verdrillung der beeinflussenden 380-kV-Leitungen und der entsprechenden Auswahl der Einstellungen der E-Spulen kann diese Erhöhung reduziert werden, wobei die Verdrillung der 380-kV-Stromkreise als eine signifikante und effiziente Maßnahme zur Reduzierung der Spannungsverlagerung gilt. Sowohl Betriebs- als auch Fehlervorgänge im 110-kV-Netz weisen keine störenden Einflüsse auf den Betrieb des 380-kV-Netzes auf [53]. Beim Leerlaufbetrieb der 110-kV Freileitungen können die durch den Betrieb der 380-kV-Freileitung verursachten Ströme in den 110-kV-Stromkreisen hohe Werte erreichen. Die Fehlervorgänge im 380-kV-Netz verursachen ebenfalls die Vergrößerung der Spannungsverlagerung im 110-kV-Netz, die im ungünstigsten Fall in dem hier gewählten Beispiel über 35 Prozent der Leiter-Erde-Nennspannung liegen kann.

Für die *Variante* 2 gilt schlussfolgernd:

Die Bündelung der HöS- und DC-Freileitungen auf den Gemeinschaftsgestängen erzeugt gegenseitige elektrische Beeinflussungen. Diese Beeinflussungen müssen bei der Auslegung der Konverter-Stationen der HGÜ -Verbindung hinsichtlich der 50-Hz-Strom-Immissionen in die DC-Kreise berücksichtigt werden. Seitens der DC-Systeme besteht keine Beeinflussung durch elektromagnetische Induktion, außer transiente Vorgänge im DC-Netz. Aus diesem Grund müssen die Kurzschlussvorgänge in den DC-Stromkreisen bei der Parametrierung der Schutzeinrichtungen im 380-kV-Netz berücksichtigt werden. Seitens des HöS-Netzes tritt die elektromagnetische Beeinflussung ein. In Hinblick darauf spielen die Länge der Hybridleitung und die Positionierung der DC-Leiter am Mast eine bedeutende Rolle. Die Verdrillung der AC-Freileitung hat sich als eine effiziente Maßnahme zur Reduzierung der Kopplungsströme erwiesen. Die Auslegung der AC-DC-Freileitungen muss unter Berücksichtigung der möglichen Einflüsse der elektrischen und magnetischen Felder erfolgen und die Flickerproblematik darf nicht vernachlässigt werden. Im Leerlaufbetriebszustand muss die Auswahl der Schaltgeräte für die Erdung der DC-Freileitungen unter Berücksichtigung der zu erwartenden Beeinflussungen durchgeführt werden.

Für die *Variante* 3 gilt:

Bei der Zusammenführung von 380-kV-Stromübertragungssystemen und Bahnnetz werden sowohl durch die Normalbetrieb- als auch durch die Fehlerzustände erhebliche induzierte 50-Hz-Ströme im Bahnnetz verursacht. Dadurch kann der Bahnbetrieb gestört werden. Auf der anderen Seite kann sich das 16,7-Hz-Bahnnetz als Störungsfaktor auswirken. Durch den Betrieb des Bahnnetzes werden erhebliche 16,7-Hz-Ströme in die DC-Freileitung induziert. Diese 16,7-Hz-Ströme müssen auf den psophometrischen Störstrom geprüft werden, wenn die analogen Signalträger vorhanden sind. In Abhängigkeit von der Anordnung des Neutralleiters des DC-Systems kommt es in den anderen DC-Leitern zu einer unterschiedlichen induzierten Spannung. In den DC-Kabelschirmen und in den Stahl- bzw. Stahlbetonbrücken können die induzierten 16,7-Ströme eine Korrosion hervorrufen. Sowohl der Normalbetriebszustand als auch die Fehlerzustände des 380-kV-Netzes verursachen erhebliche induzierte 50-Hz-Ströme in den Stahl- bzw. Stahlbetonbrücken. Diese Ströme durchdringen hauptsächlich die bestehenden galvanischen Verbindungen zwischen den Gleis- und Brückenerdungen in der Brückenkonstruktion.

Die zweite Forschungsfrage lässt sich anhand der entworfenen Methodik zur Berechnung der Berührungsspannung lösen.
Die Arbeit an der abgeschalteten Leitung ist erst dann sicher, wenn die Sichercheitsregeln nach [96] eingehalten sind und die Größe der Berührungsspannung eine zulässige Grenze nicht überschreitet. Die Größe der Berührungsspannung in einem Netz kann mithilfe der entwickelten Verfahren ermittelt werden.

Für die *Variante* 1 ist festgestellt, dass die Berührungsspannungen bei Arbeiten an dem abgeschalteten 110-kV-Leiterseil im betrachteten Fall der verdrillten 380-kV-Leitung und bei dem fehlerfreien Zustand des 380-kV-Netzes den Grenzwert nicht überschreiten. Im Störfall des 380-kV-Netzes, insbesondere bei einem direkten elektrischen Kontakt der 380- und 110-kV-Leiterseile, können die Berührungsspannungen einen unzulässig großen Wert erreichen. Auch beim Kurzschluss kann die Verdrillung des beeinflussenden Netzes die Berührungsspannung signifikant reduzieren.

In der Fallstudie der *Variante* 2 mit der Hybridleitung befinden sich die anhand der vorgeschlagenen Verfahren berechneten Berührungsspannungen unter dem zulässigen Grenzwert. In Störfällen im 380-kV-Netz können die Berührungsspannungen einen unzulässig großen Wert erreichen. Die Verdrillung der 380-kV-Leitung ist durch die starke Beeinflussung auf die Berührungsspannung um den Verdrillungsmast erwiesen. Diese Werte um den Verdrillungsmast erreichen eine unzulässig hohe Größe. Zur Durchführung der Arbeiten an der abgeschalteten DC-Leitung im Falle der verdrillten beeinflussenden Leitung ist eine Entwicklung der speziellen Schutzmaßnahmen erforderlich.

Die Berührungsspannung im Gleisbereich der Bahnleitung der *Variante* 3 ist nach der VDE-Norm [95] grob ermittelt. Im Normalbetrieb liegt der eingeschätzte Wert unter der zulässigen Grenze. Beim Kurzschlussfall im Bahnnetz kann die Größe der Berührungsspannung als kritisch angesehen werden. Hier ist es erforderlich, die Berührungsspannung exakter zu ermitteln.

Als *Verallgemeinerung* kann man folgenden Aussagen treffen:

- Trotz der gegenseitigen Beeinflussung weisen die Leitungen der höheren Nennspannung auf Leitungen niedrigere Spannungsebene kritischer auf
- Gleiche gilt für die Betriebsfrequenz – die Leitungen höheren Betriebsfrequenz haben größeren Einfluss auf Leitungen niedrigerer Frequenz

- Für die Bündelung von Übertragungsleitungen unterschiedlicher Frequenz und Nennspannung ist es erforderlich, drei wichtige Parameter zu berücksichtigen:
  - die Länge der zusammengeführten Strecke,
  - den Abstand zwischen den Leitungen,
  - die Größe des fließenden Stromes.

  Dazu gehören noch weitere Parameter wie Leitungstechnologien, Betriebsbedingungen, Mastauslegung, leitungs- und frequenzabhängige Netzparameter, Anzahl der Übertragungssystemen, Sternpunktbehandlung und Verdrillung. Alle Parameter müssen bei der Auslegung und Planung der gebündelten Leitungen oder beim Umbau der vorhandenen Leitungen berücksichtigt werden.

- Für die Durchführung der Arbeit an der Leitung in der Strecke mit gebündelten Leitungen auf Grundlage der gewonnenen Ergebnisse ist zu empfehlen, die beeinflussende Leitung abzuschalten. Dabei kann die Gefahr für die arbeitende Person vermieden werden. Wenn dies nicht der Fall ist, können die zusätzlichen Untersuchungen zur Berechnung von gefährlichen Berührungsspannungen durchgeführt oder zusätzliche Schutzmaßnahmen zur Reduzierung der Berührungsspannung wie z. B. Arbeitsschutzkleidung und zusätzliche Erder verwendet werden.

Das in der vorliegenden Arbeit vorgeschlagene Beeinflussungsmodell der Wechselwirkungen berücksichtigt alle oben genannten Parameter. Anhand des entwickelten Verfahrens ist es möglich, die zu erwartende Berührungsspannung mit Berücksichtigung des Körperwiderstandes der Person zu berechnen.
Darüber hinaus werden die Fallstudien im engen Kontakt mit den deutschen Netzbetreibern durchgeführt; die verwendeten Mastkonstruktionen sind real existierend; einige Leitungen befinden sich in der Praxis im Betrieb. Damit ist es möglich, die gewonnenen Ergebnisse zu validieren.
In der vorliegenden Arbeit können das vorgeschlagene Beeinflussungsmodell der auf einem gemeinsamen Gestänge zusammengeführten Leitungen unterschiedlicher Spannung und Frequenz sowie das hier entwickelte Verfahren zur Ermittlung der Berührungsspannungen in den existierenden sowie in den neu geplanten Netzen mit gebündelten Leitungen angewendet werden.

6.2 Ausblick

Der aktuelle Bedarf an einer höheren Energieübertragung geht zum einem in die Richtung der Bündelung neu geplanten Freileitungstrassen mit den bestehenden und neu errichteten Infrastrukturobjekten sowie zum anderen in die Richtung des breiten Einsatzes der Kabeltechnologien für die Elektroenergieübertragung. Im Zuge des Netzausbaus kommt auch die Option der Teilverkabelung immer öfter in Betracht. Weiterhin ist es erforderlich, auch an die Problematik der kombinierten Freileitungs- und Kabelstrecke (Teilverkabelung) heranzugehen. Für weiterführende Forschungsarbeiten sind folgende Themen von besonderer Bedeutung:

- die Beeinflussungsvorgänge in den gebündelten Trassen, bei denen HGÜ-Erdkabelleitungen parallel zu HöS-Drehstromfreileitungen verlegt werden,
- die Verdrillung der beeinflussenden HöS-Leitung durch andere Aufteilung des Längenverhältnisses,
- die Untersuchung der Schrittspannung als weiterer Aspekt der sicheren Arbeit an den gebündelten Leitungen.

Literatur

[1] Bundesnetzagentur, Netzausbau. Was ist das NOVA-Prinzip? [Online]. Available: `http://www.netzausbau.de/SharedDocs/FAQs/DE/Allgemeines/06_NOVA-Prinzip.html` (Zuletzt geprüft 25.01.2018)

[2] I. Konotop, S. Klaiber, S. Waczowicz, P. Bretschneider, R. Mikut and D. Westermann, „Investigation and mathematical modeling of the impact of incentive signals to consumers on their consumption, load forecasts and network operation," *IET Generation, Transmission & Distribution*, Vol. 10, Issue 9, March 2016, pp. 2138-2146

[3] BMWI, „Energiekonzept für eine umweltschonende, zuverlässige und bezahlbare Energieversorgung," Berlin, 2010, [Online]. Available: `https://www.bmwi.de/Redaktion/DE/Downloads/E/energiekonzept-2010.html` (Zuletzt geprüft 19.01.2018)

[4] E. Bruns, „Naturverträglicher Netzausbau - Möglichkeiten der Vermeidung und Verminderung auf den verschiedenen Planungsebenen," Teilbericht 5, Bundesamt für Naturschutz, April 2015

[5] S. Läderach and G. Köppl, „Beeinflussungsprobleme bei Mehrfachleitungen," in *Proc. Bulletin SEV/VSE* 7/2002, pp. 9-12

[6] H. Alt, *Elektrische Energietechnik, Steuerungstechnik, Elektrizitätswirtschaft*, Band 6, Springer Fachmedien Wiesbaden GmbH, 1980

[7] Ch. Raunig, E. Schmautzer, L. Fickert and W. Emmer, „Die Bestimmung induzierter Spannungen und Ströme verursacht durch parallel geführte Leitungssysteme," in *Proc. 13. Symposium Energieinnovation*, Technische Universität Graz, Febr. 2014, pp. 1-11

[8] *Elektromagnetisches Feld - Teil 1: Zustandsgrößen*, DIN 1324-1, Mai 2015

[9] W. Plaßmann and D. Schulz, *Handbuch Elektrotechnik: Grundlagen und Anwendungen für Elektrotechniker*, 5. Auflage, Vieweg+Teubner Verlag, 2008

[10] *ÖVE/ÖNORM EN 50341: Freileitungen über AC 45 kV*, Österreichischer Verband für Elektrotechnik, Wien, 2002

[11] G. Wurzel and I. Hübl, „Neue Konzepte zur Auslegung von Erdungsanlagen für Hochspannungsmasten im 110-kV-Netz," in *Proc. STE 2016*, Aschaffenburg, 2017

[12] Netzentwicklungsplan NEP 2030 (2019), [Online]. Available: `https://www.netzentwicklungs-plan.de/sites/default/files/paragraphs-files/NEP_2030_V2019_1_Entwurf_Teil1.pdf` (Zuletzt geprüft 16.03.2019)

[13] Hütte, *Taschenbücher der Technik: Elektrische Energietechnik*, Band 3 Netze, Berlin, Heidelberg, New York: Springer, 1988, S. 234-253

[14] B. Rusek, „Freileitung oder Kabel und HGÜ? - Erkentnisse in Bezug auf Hybridgestänge HGÜ Projekt „Ultranet“ - TransnetBW & Amprion,“ in *Proc. 4. Fachveranstaltung Netzanschluss von Offshore Windparks, Haus der Technik 2012*

[15] W. Brandes, H.-J. Haubrich, „Sternpunktverlagerung durch Mehrfachleitungen in erdschlusskompensierten 110-kV-Netzen. Betriebliche Erfahrungen und Abhilfemaßnahmen,“ *Elektrizitätwirtschaft*, Jg. 82 (1983), Heft 11, pp. 400-405

[16] I. Konotop, A. Novitskiy and D. Westermann, „Ergänzung der Untersuchungen zur Parallelführung einer 110-kV-Freileitung und einer 380-kV-Freileitung und ihrer Wechselwirkungen,“ Technischer Bericht, Technische Universität Ilmenau, Februar 2015

[17] I. Konotop, A. Novitskiy and D. Westermann, „Constraints on the use of local compensation for the corection of neutral voltage displacement caused by the influence of nearby power lines,“ in *Proc. Electric Power Quality and Supply Reliability Conference*, Rakvere (Estonia), June 11-13, 2014, pp. 309-315

[18] F. Hirndorf, „Erdschlusskompensation im Thüringer 110-kV-Netz immer optimal,“ *etz Elektrotechnik + Automation*, Elektronische Zeitschrift, Sonderdruck, 4, 2004, pp. 1-4

[19] C. Obkircher, „Ausbaugrenzen gelöscht betriebener Netze,“ Ph.D.dissertation, Technische Universität Graz, 2008

[20] W. Nowak and R. Tarko, „Analysis of the feasibility of locating 110 kV line in 400 kV right-of-way in terms of electromagnetic interaction,“ *Acta Energetica*, 1/14 (2013), pp. 102-108

[21] A. Novitskiy, I. Konotop and D. Westermann, „Voltage unbalance in distribution networks caused by the influence of neighboring transmission lines,“ in *Proc. 2014 International Conference Power Quality Management*, Moscow (Russia), Nov. 26-28, 2014, pp. 13-20

[22] L. Zaitseva, A. Botchev and V. Zaitsev, „Electromagnetic of a railroad power-supply traction network and a high-voltage line," in *Proc. EMC Europe, 4th European Symposium on Electromagnetic Compatibility*, Brugge, Belgium, 11 - 15 Sept. 2000, pp. 67-69

[23] Novitskiy A., Konotop I., Westermann D.: Power quality disturbances in distribution networks caused by the influence of nearby power lines. Proc., Environment and Electrical Engineering (EEEIC), 2015, pp. 974-979

[24] A. Novitskiy, I. Konotop and D. Westermann, „EMC Problems caused by Combinations of EHV Transmission Lines and Electrified Railway Lines.," in *Proc. International Conference on Renewable Energies and Power Quality (ICREPQ 14)*, Cordoba (Spain), 8-10 April, 2014, pp. 632-637

[25] A. Novitskiy, I. Konotop and D. Westermann, „Interactions by the use of common pylons for EHV transmission lines and electric railroad catenary system," in *Proc. Electric Power Quality and Supply Reliability Conference*, Rakvere (Estonia), June 11-13, 2014, pp. 315-323

[26] TE 1 Technische Empfehlung Nr. 1. Anleitung zur Berechnung der in Telekommunikations-(TK-) Leitungen durch Starkstromleitungen induzierten Spannungen, SfB - Schiedsstelle für Beeinflussungsfragen, Juni 2006

[27] EPRI. *Power System and Railroad Electromagnetic Compatibility Handbook*, Revised First Edition, Final Report, Washington, Nov. 2006

[28] A. Dolara, M. Gualdoni and S. Leva, „EMC Disturbances on Track Circuits in the 2x25 kV High Speed AC Railways Systems," in *Proc. 2011 IEEE Trondheim PowerTech,* Trondheim, Norway, June 2011

[29] Y. Li and F. P. Dawalibi, „A parametric analysis of AC interference caused by high voltage power lines on neighboring railroad tracks," in *Proc. AREMA 2002*, Washington, DC., Sept. 2002

[30] TE 7 Technische Empfehlung Nr. 7. Maßnahmen beim Bau und Betrieb von Rohrleitungen im Einflussbereich von Hochspannungs-Drehstromanlagen und Wechselstrom-Bahnanlagen, SfB - Schiedsstelle für Beeinflussungsfragen, Oktober 2006

[31] D. D. Micu, G. C. Christoforidis and L. Czumbil, „AC interference on pipelines due to double circuit power lines: A detailed study, „*Electric Power Systems Research*, vol. 103, Okt. 2013, pp. 1-8

[32] J. Sanz-Bobi, J. Garzon-Nunez, R. Loiero and J. Felez, „Electrical disturbances from high speed railway environment to existing services," *IntechOpen*, Nov. 2011, pp. 161-182

[33] Verordnung über elektrische Leitungen (Leitungsverordnung, LeV) vom 30. März 1994 (Stand am 1. Januar 2016) [Online]. Available: `https://www.admin.ch/opc/de/classified-compilation/19940083/index.html`. (Zuletzt geprüft 19.01.2018)

[34] H. Vennegeerts, H.-J. Haubrich, J. Schaarschmidt and A. Kox, „Parallelführung von Bahnstrom- und Drehstrom-Freileitungen," *Elektrische Bahnen*, 98, 3, 2000, pp. 100-104

[35] A. Güldenpenning and H.-J. Haubrich, „Vergleich technischer Merkmale von 110-kV-System 50 Hz Drehstrom und 16 2/3 Hz Wechselstrom und ihrer Wechselwirkung auf Gemeinschaftsgestängen,"*Elektrische Bahnen*, Jh. 80 (1982), pp. 248-258

[36] A. Novitskiy, I. Konotop and D. Westermann, „Untersuchung zur Mitnahme einer 15-kV-Bahn-Oberleitung durch eine HöS-Leitung und ihrer Wechselwirkungen auf einer Länge von 185 km," Technischer Bericht, Technische Universität Ilmenau, Dez. 2013

[37] 50 Hertz Transmission GmbH, Amprion GmbH, TenneT TSO GmbH, und TransnetBW GmbH, „Netzentwicklungsplan Strom 2025: Version 2015, zweiter Entwurf," [Online]. Available: `http://www.netzentwicklungsplan.de` (Zuletzt geprüft 02.02.2018)

[38] C. Neumann, B. Rusek, S. Stevens and K.-H. Weck, „Design and layout of AC-DC hybrid lines," in *Proc. CIGRE Aukland HVDC Symposium*, 2013, p. 16

[39] Transnetbw, Ultranet, [Online]. Available: `https://www.transnetbw.de/de/ultranet` (Zuletzt geprüft 25.01.2018)

[40] I. Konotop, A. Novitskiy and D. Westermann, „Influence of 380 kV AC Systems on the maintenance conditions of the HVDC system in a hybrid AC/DC overhead line," in *Proc. Electric Power Quality and Supply Reliability Conference*, Tallinn (Estonia), Aug. 29-31, 2016

[41] Amprion. Ultranet, [Online]. Available: `https://www.amprion.net/Netzausbau/Aktuelle-Projekte/Ultranet` (Zuletzt geprüft 25.01.2018)

[42] B. Sander, J. Lundquist, I. Gutmann, C. Neumann, B. Rusek B and K.-H. Weck," Conversion of AC multicircuit lines to AC-DC hybrid lines with respect to the environmental impact," in *Proc. Cigre 2014 Paris Session*, Paper B2-105

[43] International Council on Large Electric Systems, *Overhead Lines - A Cigre Green Book*, Springer Reference, Aug. 2014

[44] A. Novitskiy, I. Konotop and D. Westermann, „Untersuchungen zum Umbau der bestehenden HöS-Doppelleitungen zu AC/DC-Hybridleitungen," Technischer Bericht, Technische Universität Ilmenau, Aug. 2016

[45] A. Novitskiy, I. Konotop and D. Westermann, „Untersuchung zu Bündelungen von 380-kV- und Gleichstromübertragungs-Systemen (± 500 kV)," Technischer Bericht, Technische Universität Ilmenau, Apr. 2016

[46] J. Schindler, „Elektromagnetische Kopplungen hybrider AC-DC-Leitungen," Masterarbeit, Springer Vierweg, Friedrich-Alexander-Universität Erlangen-Nürnberg, März 2016

[47] P. Maruvada and S. Drogi, Field and ion interactions of hybrid AC/DC Transmission Lines," *IEEE Transactions on Power Delivery*, vol. 3, No. 3, July 1988

[48] G. Herold, „Unverdrillte 400-kV-Drehstrom-Doppelleitung," [Online]. Available: `http://www.researchgate.net/profile/Gerhard_Herold/publication/264037333_Unverdrillte_400-kV-Drehstrom-Doppelleitung/links/0a85e53c90ce6e0603000000.pdf` (Zuletzt geprüft 25.01.2018)

[49] A. Penner, „Finite element computation of the DC corona currents injected into the AC conductors of a hybrid AC/DC transmission line," Master Thesis, University of Manitoba, Winnipeg, Canada, 1989

[50] Hui Wang, „Shielding effect of AC conductors in hybrid power transmission," Master Thesis, University of Manitoba, Winnipeg, Canada, 1990

[51] M. Pfeiffer, J. Schmutz and C. M. Franck, „DC ion-current in AC conductors in hybrid AC/DC transmission systems," in *Proc. 11th IET International Conference on AC and DC Power Transmission*, 2015, pp. 1-10

[52] B. Sander, D. Moor, „AC-DC-Hybridleitungen für die Anbindung der Schweiz an Europa," *SEV Bulletin*, 12/2014, pp. 79-81

[53] A. Novitskiy and D. Westermann, „Interaction of multi-circuit overhead transmission lines of different voltages located on the same pylons,“ in *Proc. Power Quality and Supply Reliability Conference*, Tartu, Estonia, 2012

[54] Eidgenössisches Starkstromelektorat ESTI, „Tätigkeiten an elektrischen Anlagen,“ ESTI Nr. 407.0909 d, 12.2009

[55] D. Wartschinski, M. Funke, A. Novitzkiy and D. Westermann, „Inbetriebnahme einer 110-kV-Freileitungtrasse als Mitnahmeabschnitt zu einer 380-kV-Leitung,“ in *Proc. STE 2016*, Aschaffenburg, 2017

[56] *Erdung von Starkstromanlagen mit Nennwechselspannungen über 1 kV*, DIN EN 50522:2011-11, 2011

[57] *Wirkungen des elektrischen Stromes auf Menschen und Nutztiere - Teil 1: Allgemeine Aspekte*, DIN IEC/TS 60479-1 (VDE V 0140-479-1), Mai 2007

[58] European Copper Institute, „Application Note Design for Electrical Safety,“ Leonardo Energy,Application note Cu0194, June 6, 2014

[59] Schweizerische Verordnung, „Verordnung über elektrische Starkstromanlagen (Starkstromverordnung),“ 734.2, 30. März 1994

[60] *Low-voltage electrical installations- Part 4-41: Protection for safety - Protection against electric shocks*, IEC 60364-4-41, Dez. 2005

[61] G. Parise, L. Martirano and L. Parise, „Grounding and bonding: a combined protection against electric shock, „ in *Proc. 2014 IEEE Industry Application Society Annual Meeting*, Oct. 2014

[62] BGW Berufsgenossenschaft für Gesundheitsdienst und Wohlfahrtpflege, „DGUV Vorschrift 3, Elektrische Anlagen und Betriebsmittel, Unfallverhütungsvorschrift,“ 2014

[63] *IEEE Guide for Safety in AC Substation Grounding*, IEEE Std 80-2013, 2013

[64] *Система стандартов безопасности труда. Электро-безопасность, предельно допустимые значения напряжений прикосновения и токов*, ГОСТ 12.1.038-82, 2001 (in russisch)
Occupational safety standards system. Electric safety. Maximum permissible values of pick-up voltages and currents, GOST 12.1.038-82, 2001 (in Russian)

[65] *Министерство труда и социальной защиты Российской Федерации. Приказ от 24 июля 2013 г. N. 328. Об утверждении правил по охране труда при эксплуатации электроустановок*, 2013 (in russisch)
Ministry of Labour and Social Protection of the Russian Federation. Order from 24 July 2013, No. 328. On approval of the Rules on the occupational safety in the operation of electrical installations, 2013 (in Russian)

[66] J.G. Sverak, „Progress in Step and Touch Voltage Equation of ANSI/IEEE Std 80 - Historical Perspective,“ *IEEE Transaction on Power Delivery*, Vol. 13, No. 3, Juli 1998, pp. 762-767

[67] О. Залесова и В. Селиванов, „Расчет наведенного напряжения на отключенных линиях электропередачи 110 кВ, “ *Труды Кольского научного центра РАН*, No. 10 (28), 2015 (in russisch)
O. Zalesova and V. Selivanov, „Calculation of induced voltage in disconnected transmission line 110 kV,“ *Transactions of Kola Science Centre RAN*, vol. 10 (28), 2015 (in Russian)

[68] М. Якубович, „Исследование наведенных напряжений на отключенных воздушных линиях, находящихся в зоне влияния разветвленной высоковольтной сети,“ диссертация, филиал Кольского научного центра РАН, 2007
M. Yakubovich, „Investigation of induced voltage in switched off overhead lines under the influence of a complex high voltage network,“ Ph.D. Dissertation, Kola Science Centre RAN, 2007

[69] L. Fickert, Th. Mallits and E. Schmautzer, „High current faults in resonant grounded networks under aspects of a global earthing system,“ in *Proc. 23-rd International Conference on Electricity Distribution*, Lyon, June 2015

[70] M. Muhr, „Übertragung elektrischer Energie - Drehstrom/Gleichstrom sowie Leitungssysteme,“ in *Proc. 13. Symposium Energieinnovation*, Febr. 2014, Technische Universität Graz, [Online]. Available: `https://www.tugraz.at/fileadmin/user_upload/Events/Eninnov2014/files/pr/PR_Muhr.pdf` (Zuletzt geprüft 12.09.2018)

[71] L. Hofmann and B. Oswald, „Vergleich Erdkabel - Freileitung im 110-kV-Hochspannungsbereich,“ Gutachten, Leibniz Universität Hannover, 2010

[72] G. Hosemann, *Elektrische Energietechnik*, Band 3, Berlin, Heidelberg, New York: Springer, 1988

[73] J. Carson, „Wave propagation in overhead wires with ground return," *The Bell System Technical Journal*, vol. 5, Issue: 4, 1926, pp. 539-554

[74] F. Pollaczek, „Über das Feld einer unendlich langen wechselstromdurchflossenen Einfachleitung," *Elektrische Nachrichtentechnik*, Heft 4, 1926

[75] Mathworks Documentation Center. SimPowerSystems. Function *power_lineparam*. 1994-2016 The MathWorks, [Online]. Available: `http://de.mathworks.com/help/physmod/sps/powersys/ref/power_lineparam.html` (Zuletzt geprüft 25.02.2018)

[76] E. V. Larsen, R. A. Walling and C. J. Brindenbaugh, „Parallel AC/DC transmission line steady-state induction issues," *IEEE Trans. Power Delivery*, vol. 4, No. 1, January 1989, pp. 667-674

[77] J. Z. Zhou, R. S. Burton, D. E. Fletcher and J. B. Davies, „Coupling between DC lines with a neutral conductor and parallel AC lines," in *Proc. 9-th IET International Conference on AC and DC Power Transmission*, London, Oct. 2010

[78] B. Oswald, „Skript Freileitungen," Universität Hannover, 2005, [Online]. Available: `https://web.archive.org/web/20070719072540/http://www.iee.uni-hannover.de/lehrange/Skripte/EE1/Freileitung.pdf` (Zuletzt geprüft 31.03.2019)

[79] Б. В. Ефимов, Г. П. Фастий и М. В. Якубович, "Наведенные напряжения на воздушных линиях при неоднородных трассах сближения," *Электрические станции*, N.8, 2002, стр. 32-38 (in russisch)
B. V. Efimov, G. P. Fastiy and M. V. Yakubovich, „Induced voltages on aerial lines by non-uniform adjacent routes," *Electric Power Plants*, vol. 8, 2002, pp. 32-38 (in Russian)

[80] P. Tikhonov, „Untersuchungen zur Wahl der Schutzmaßnahmen für die Arbeiten an den Stromkreisen von mehrfachen AC/DC Höchstspannungsfreileitungen," Masterarbeit, Technische Universität Ilmenau, 2018

[81] P. Tikhonov, A. Novitskiy and D. Westermann, „Consideration of Maintenance Aspect for Conversion of Transposed AC Lines to Hybrid AC/DC Lines," in *Proc. Power and Energy Student Summit*, Kaiserslautern, July 2018, pp. 18-23

[82] A. Steinkellner, „Der Einfluss der Verdrillung auf die Stromunsymmetrie bei induktiv gekoppelten Hochspannungsfreileitungssystemen,“ Diplomarbeit, Technische Universität Graz, 2012

[83] J. Schlabbach, „Sternpunktbehandlung,“ Band 15, VDE Verlag, Berlin, 2002

[84] Melzer H.: Die Aktuelle Situation der Sternpunktbehandlung in Netzen bis 110 kV. VDE Verlag GmbH, Berlin. 2012

[85] D. Westermann, „Elektrische Energiesysteme 1,“ Skriptum zur Vorlesung, Technische Universität Ilmenau, 2016

[86] *Maßnahmen bei Beeinflussung von Fernmeldeanlagen durch Starkstromanlagen. Beeinflussung durch Drehstromanlagen*, DIN VDE 0228 Teil 2, Beuth Verlag, 1987

[87] B. Oswald, „Skript Sternpunkterdung,“ Universität Hannover, 2005, [Online]. Available: `https://www.yumpu.com/de/document/view/6326973/skript-sternpunkterdung/-institut-fur-energieversorgung-und-` (Zuletzt geprüft 29.01.2018)

[88] TE 3 Technische Empfehlung Nr. 3. Richtlinie für Schutzmaßnahmen an TK-Anlagen gegen Beeinflussung durch Netze der elektrischen Energieübertragung, -verteilung sowie Wechselstrombahnen, SfB - Schiedsstelle für Beeinflussungsfragen, April 2005

[89] *Teil 1 - Begriffe und Schutz gegen elektrischen Schlag (Schutzmaßnahmen)*, ÖEVE/ÖNORM E 8001-1, Österreichischer Verband für Elektrotechnik, Wien, 2000

[90] *Starkstromanlagen mit Nennwechselspannungen über 1 kV*, DIN VDE 0101, Januar 2000

[91] T. Hayashi, Y. Mizuno and K. Naito, „Study on Transmission-Line Arresters for Tower With High Footing Resistance,“ *IEEE Transactions on Power Delivery*, Vol. 23, No. 4, Oktober 2008, pp. 2456-2460

[92] W. Schrank, *Schutz gegen Berührungsspannungen*, Dritte überarbeitete Auflage, Springer Verlag, Berlin/ Heidelberg, 1958

[93] H. Gremmel and G. Kopatsch, *Schaltanlagenbuch (ABB)*, 11. Auflage, Cornelsen, Berlin, 2008

[94] A. Gabbauer, „Ein Beitrag zur rechnerischen Bestimmung von Erdungsimpedanzen, Erdungsströmen und Erdungsspannungen von elektrischen Anlagen in Netzen mit niederohmiger Sternpuntkterdung,“ Dissertationsarbeit, TU Graz, 2001

[95] *Erdungen für spezielle Starkstromanlagen mit Nennspannungen über 1 kV*, DIN VDE 0141, Januar 2000

[96] *Betrieb von elektrischen Anlagen - Teil 100: Allgemeine Festlegungen*, DIN VDE 0105-100:2015-10, 2015

[97] Verwaltungs-Berufsgenossenschaft, Sicherheitsbestimmungen und Sicherheitsregeln für Elektroarbeiten, [Online]. Available: `http://www.vbg.de/apl/arbhilf/unterw/86_sus.html` (Zuletzt geprüft 13.04.2018)

[98] Unfallverhütungsvorschrift GUV-V D 32: Arbeiten an Masten, Freileitungen und Oberleitungsanlagen. 1997, [Online]. Available: `https://publikationen.dguv.de/dguv/pdf/10002/v-d32.pdf` (Zuletzt geprüft 13.04.2018)

[99] А. Медведева, „Исследование наведенных напряжений в нормальных и аварийных режимах," Работа бакалавра, Новосибирский государственный технический университет, 2016 (in russisch)
A. Medvedeva, „Untersuchung der induzierten Spannungen im Normal- und Fehlerfall," Bachelor Arbeit, Staatlichen Technischen Universität, Novosibirsk, 2016 (in russisch)

[100] M. El-Sharkawi, „Electric Safety, Practice and standards," CRC Press, 2013

[101] L. Fendrich, *Handbuch Eisenbahninfrastruktur*, Springer, Berlin, 2007

[102] Die Rübelandbahn, [Online]. Available: `http://www.ruebelandbahn.de` (Zuletzt geprüft 31.03.2019)

[103] Bundesnetzagentur. Stromnetz zukunftsicher gestalten, [Online]. Available: `https://www.netzausbau.de/home/de.html` (Zuletzt geprüft 31.03.2019)

[104] Ju. Wilms, „Das SuedLink-Projekt - Technische Optionen für eine Hochspannungs-Gleichstrom-Übertragung (HGÜ)," Fachdialog „Technik und Gesundheit," Schwäbisch-Hall, 2015, [Online]. Available: `https://um.baden-wuerttemberg.de/fileadmin/redaktion/m-um/intern/Dateien/Dokumente/5_Energie/Versorgungssicherheit/SuedLink/Dokumentation/21052015_SHA/DUH-Fachdialog_2015-05-21_SuedLink_Technische_Uptionen.pdf` (Zuletzt geprüft 31.03.2019)

[105] WinField - Magnetic and Electric Field Calculation. Benutzerhandbuch. Forschungsgesellschaft für Energie und Umwelttechnologie - FGEU mbH, Berlin, 2012, [Online]. Available: `http://www.fgeu.de/html/wf.htm` (Zuletzt geprüft 12.09.2018)

[106] P. Karban, F. Mach, P. Kus, D. Panek and I. Dolezel, "Numerical solution of coupled problems using code Agros2D", *Computing*, Sonderheft 1, 2013, pp. 381-408

[107] K-D. Dettmann. Strom-Übertragungstechnologien, [Online]. Available: `https://www.forum-netzintegration.de/uploads/media/Schlichting_120614_Dettmann.pdf` (Zuletzt geprüft 31.03.2019)

[108] L. Fickert, M. Muhr, R. Woschitz und andere, „110-kV-Kabel/-Freileitung. Eine technische Gegenüberstellung," Studie im Auftrag der oberösterreichischen Landesregierung, Technische Universität Graz, 2005

[109] *Hochspannungs-Schaltgeräte und -Schaltanlagen. Teil 102: Wechselstrom-Trennschalter und -Erdungsschalter*, E DIN EN 62271-102 VDE 0671-102:2014-12, 2014

[110] H.-H. Schramm, *„Schalten im Hochspannungsnetz"*, VDE Verlag, 2014

[111] M. Kizilcay, A. Agdemir and M. Lösing, „Interaction of a HVDC System with 400-kV AC Systems on the Same Tower," in *Proc. International Conference on Power Systems Transients*, Kyoto, Japan, June 2009

[112] T. Arro and O. Silavwe, „Coupling of transients in HVDC lines to adjacent HVAC lines and its impact on the AC line protection," MS Thesis, Chalmers University of Technology, Güteborg, Sweden, 2007

[113] Q. Sun, W. Shi, W. H. Siew, H. Liu and Q. Li, "The induced overvoltage between UHV AC and DC transmission lines built on the same tower under fault conditions," in *Proc. 44th International Universities Power Engineering Conference (UPEC)*, Glasgow, UK, Sept. 2009

[114] *Merkmale der Spannung in öffentlichen Elektrizitätsversorgungsnetzen*, EN 50160:2010, 2010

[115] A.Novitskiy, I. Konotop and D. Westermann, „Flicker Propagation in Power Networks with Hybrid and Parallel Overhead Transmission Lines," in *Proc. International Conference on Renewable Energies and Power Quality (ICREPQ 16)*, Madrid, Spain, May, 2016

[116] *Electromagnetic compatibility (EMC) Part 2-2: Environment - Compatibility levels for low-frequency conducted disturbances and signalling in public low-voltage power supply systems*, IEC 61000-2-2, International Standard, Ed. 2.0, 2002

[117] BG Bau Berufsgenossenschaft der Bauwirtschaft, „Elektromagnetische Felder,“ DGUV Regel 103-013, 2006

[118] *Railway applications - Supply voltages of traction systems. Bahnanwendungen - Speisespannungen von Bahnnetzen*, EN 50163:2004, 2004

[119] *Bahnanwendungen - Ortsfeste Anlagen - Elektrische Sicherheit, Erdung und Rückleitung - Teil 1: Schutzmaßnahmen gegen elektrischen Schlag*, EN 50122-1:2011, Sept. 2011

[120] *Oberleitungsanlagen planen, errichten und instand halten*, Richtlinie 997, Deutsche Bahn, Juli 2001

[121] A. Zynovchenko, „Ausbreitung von Stromoberschwingungen und Resonanzerscheinungen im Fahrleitungsnetz,“ Ph.D. dissertation, Universität Ulm, 2007

[122] P. Schmidt, *Energieversorgung elektrischer Bahnen*, Transpress-Verlag, Berlin, 1988

[123] F. Kiessling, R. Puschmann and A. Schmieder, *Fahrleitungen elektrischer Bahnen: Planung, Berechnung, Ausführung, Betrieb*, 3. Auflage, Publicis, Erlangen, 2014

[124] M. Korger and M. Ruch, „Zulässige Oberstromgrenzwerte im elektrifizierten Streckennetz der DB,“ *Bahn Praxis*, vol. 2, 2004, pp. 3-8

[125] H. Biesenack, G. George, G. Hofmann and A. Schmieder, *Energieversorgung elektrischer Bahnen*, 1. Auflage, Vieweg+Teubner, 2006

[126] A. Steimel, *Elektrische Triebfahrzeuge und ihre Energieversorgung*, 2. Auflage, Oldenburg Industrieverlag, München, 2006

[127] I. Matsson, B. D. Railing, B. Williams, G. Moreau, C. D. Clarke, A. Ericsson et al., „Murraylink, the longest underground HVDC cable in the world,“ in *Proc. Session 2004 B4-103*, 2004

[128] International Telecommunication Union ITU-T, „Management of electromagnetic interference on telecommunication systems due to power systems,“ Recommendation K.68, Febr., 2006

[129] Министерство энергетики и электрификации СССР, „Руководящие указания по учету потерь на корону и помех от короны при выборе проводов воздушных линий

электропередачи переменного тока 330-750 кВ и постоянного тока 800–1500 кВ,“ РД 34.20.172, 1974 (in russisch)

Ministry of Energy and Electrification of the USSR, „Guidance for calculation of corona losses and corona interferences in the selection of conductors of AC overhead lines 330–750 kV and DC overhead lines 800 – 1500 kV,“ RD 34.20.172, 1974 (in Russian)

[130] Technical Brochures, „Electric field and ion current environment of HVDC overhead transmission lines,“ CIGRE JWG B4/C3/B2.50, 2011

[131] F. Schlecht, „Eisenbahnbrücken, Grundlagen des Entwurfs,“ DB ProjektBau GmbH, Cottbus, 2012

[132] L. Man, D. D. Micu, L. Cret and E. Simion, „Software Simulation of the induced density current in metallic structures,“ in *Proc. MediTech 2007*, Clui-Napoca, Romania, Sept. 2007

[133] R. Pfeifer and T. Mölter, *Eisenbahnbrücken*, 1. Auflage, Eurailpress, 2008

[134] COMBRI-Handbuch Brücken, „Teil II: Stand der Technik und Entwurf von Stahl- und Verbundbrücken,“ Universität Stuttgart, 2008

[135] A. Brenna, “A proposal of AC corrosion mechanism of carbon steel in cathodic protection condition,“ Ph.D. Thesis, Politechnico di Milano, Milan, Italy, 2011

A Anhang

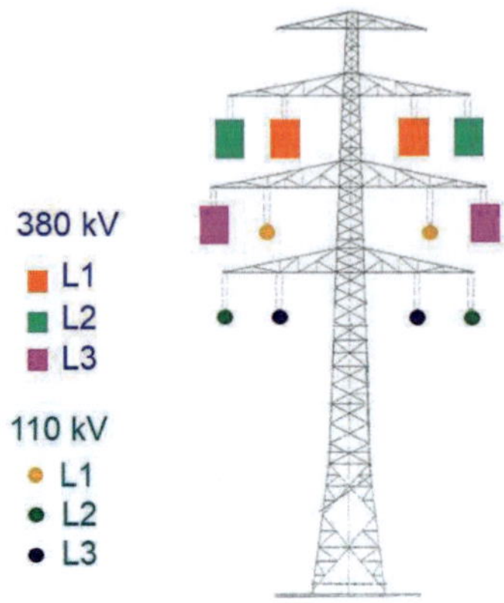

Abb. A.1: Leiteranordnung der Stromübertragungssysteme auf dem Gemeinschaftsgestänge für die AC-Freileitungen der 110- und 380-kV-Spannungen

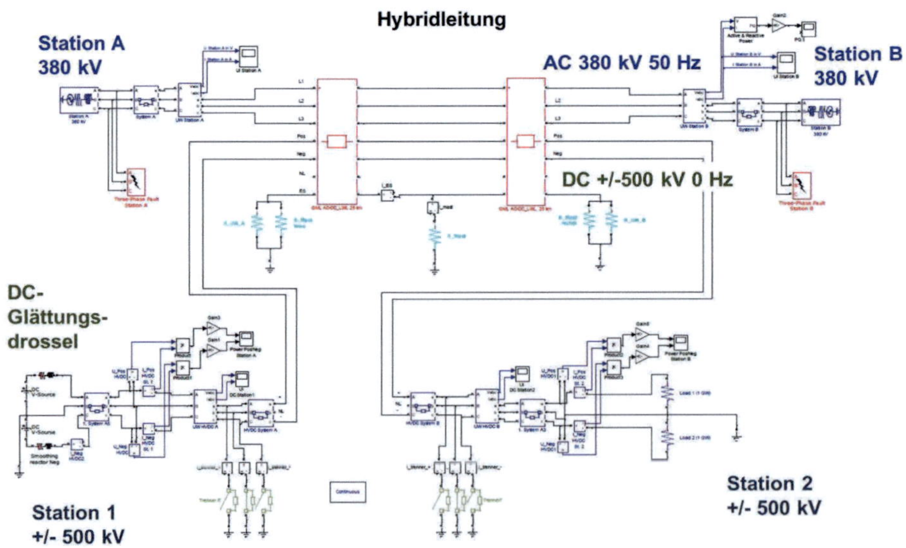

Abb. A.2: MATLAB-Modell der Hybridleitung

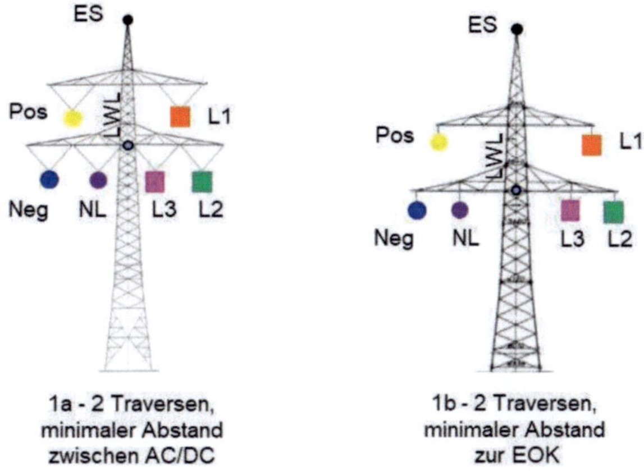

Abb. A.3: Gruppe 1: Mastgestänge mit 2 Traversen. AC-Stromkreis: L1, L2, L3 - Phasenleiter; DC-Stromkreis: Pos - Positiver Polleiter, Neg - Negativer Polleiter, NL - Neutralleiter; ES - Erdseil, LWL - geerdeter Lichtwellenleiter

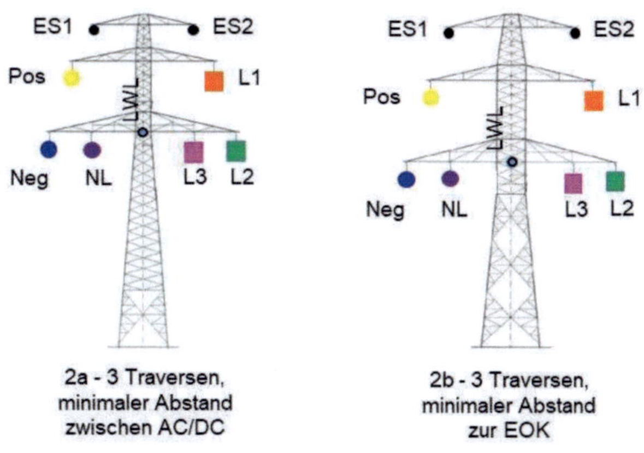

Abb. A.4: Gruppe 2: Mastgestänge mit 3 Traversen. AC-Stromkreis: L1, L2, L3 - Phasenleiter; DC-Stromkreis: Pos - Positiver Polleiter, Neg - Negativer Polleiter, NL - Neutralleiter; ES1, ES2 - Erdseile, LWL - geerdeter Lichtwellenleiter

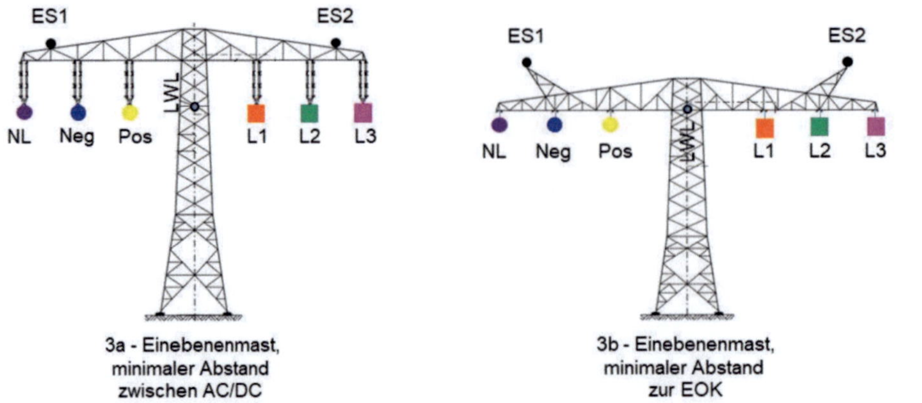

Abb. A.5: Gruppe 3: Einebenenmastgesten. AC-Stromkreis: L1, L2, L3 - Phasenleiter; DC-Stromkreis: Pos - Positiver Polleiter, Neg - Negativer Polleiter, NL - Neutralleiter; ES1, ES2 - Erdseile, LWL - geerdeter Lichtwellenleiter

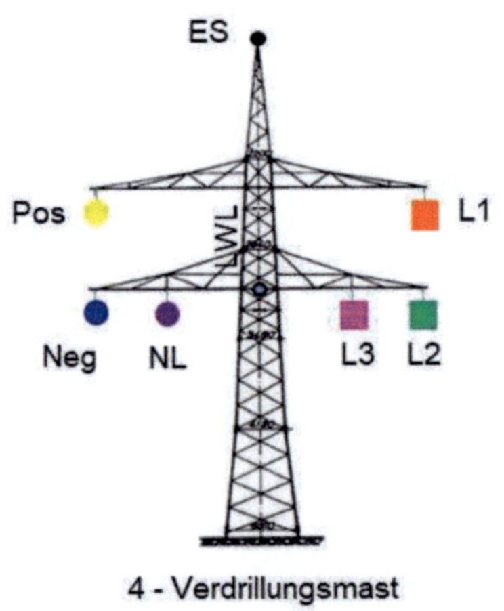

Abb. A.6: Gruppe 4: Verdrillungsmast. AC-Stromkreis: L1, L2, L3 - Phasenleiter; DC-Stromkreis: Pos - Positiver Polleiter, Neg - Negativer Polleiter, NL - Neutralleiter; ES1 - Erdseil, LWL - geerdeter Lichtwellenleiter

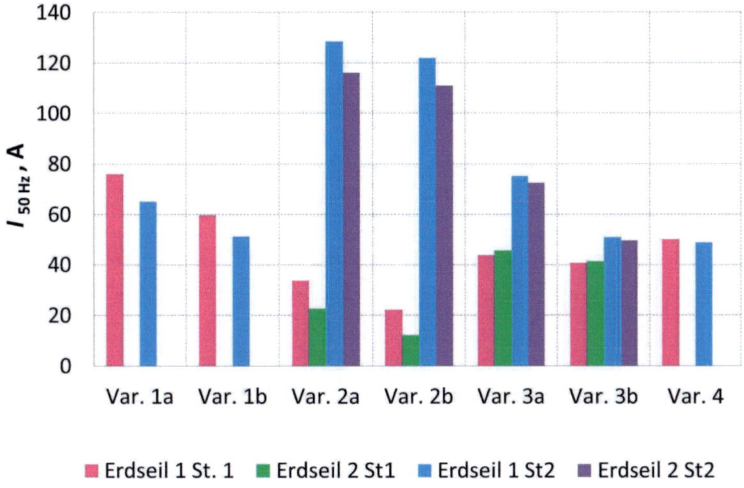

Abb. A.7: Induzierte 50-Hz-Ströme in den Erdseilen. AC-Stromkreise: Betriebsspannung 420 kV, 1800 A; DC-Stromkreise: ±500 kV, 2000 A; GML-Länge 50 km (St. 1 - Messpunkt an der Station 1, St. 2 - Messpunkt an der Station 2

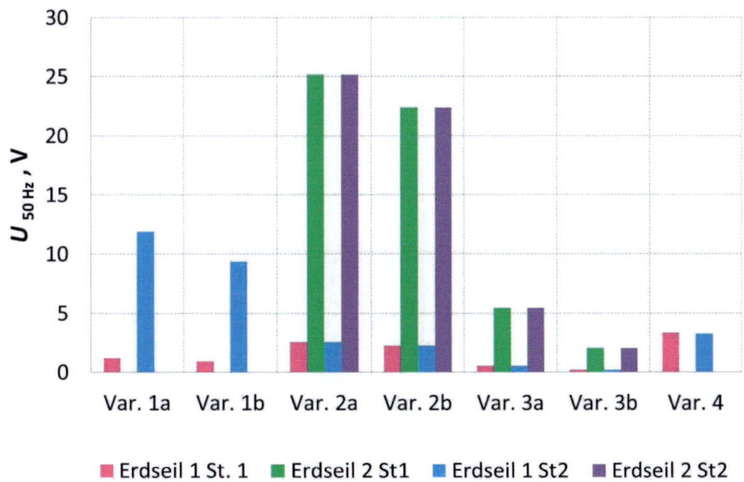

Abb. A.8: Induzierte 50-Hz-Spannungen (Erdseil-Erde). AC-Stromkreise: Betriebsspannung 420 kV, 1800 A; DC-Stromkreise: ±500 kV, 2000 A; GML-Länge 50 km (St. 1 - Messpunkt an der Station 1, St. 2 - Messpunkt an der Station 2

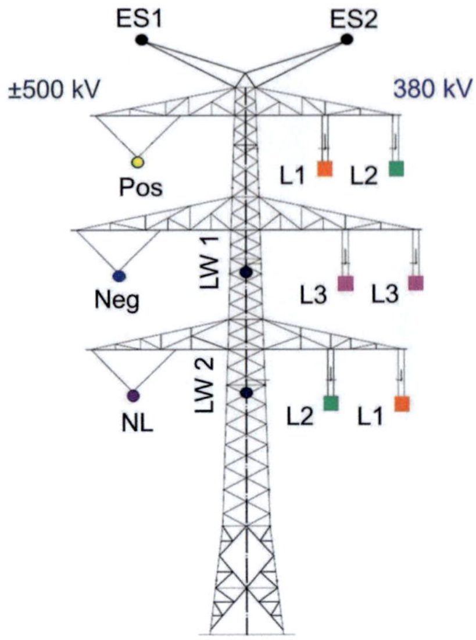

Abb. A.9: Mastkonfiguration für die Hybridleitung, bestehend aus DC-Leitung ±500 kV und AC–Doppelsystem-Leitung 380 kV

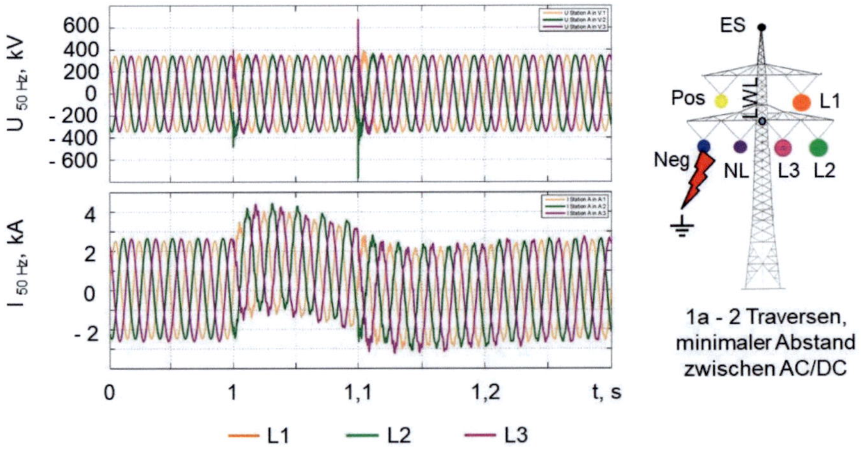

Abb. A.10: Leiter-Erde-Spannungen und Ströme im 380-kV-Netz (Station A) unter der Beeinflussung des Leiter-Erde-Kurzschlusses in der DC-Leitung (Station 2), GML Länge 50 km, Kurzschlussbeginn mit 1 s, Kurzschlussende mit 1,1 s

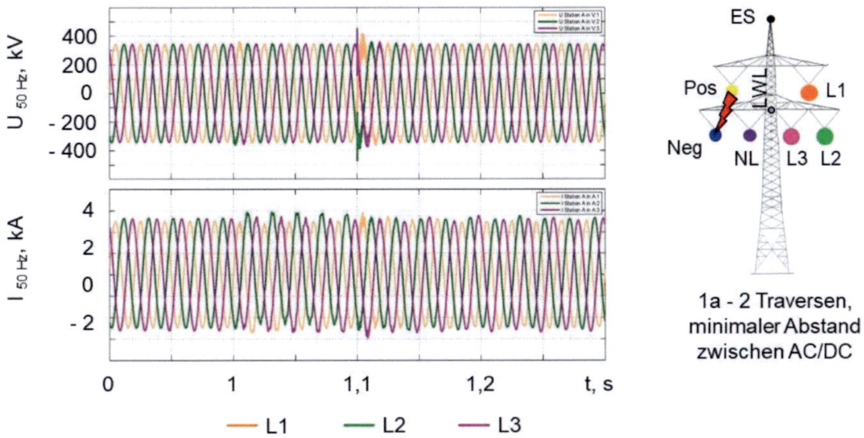

Abb. A.11: Leiter-Erde-Spannungen und Ströme im 380-kV-Netz (Station A) unter der Beeinflussung des Leiter-Leiter-Kurzschlusses in der DC-Leitung (Station 2), GML-Länge 50 km, Kurzschlussbeginn mit 1 s, Kurzschlussende mit 1,1 s

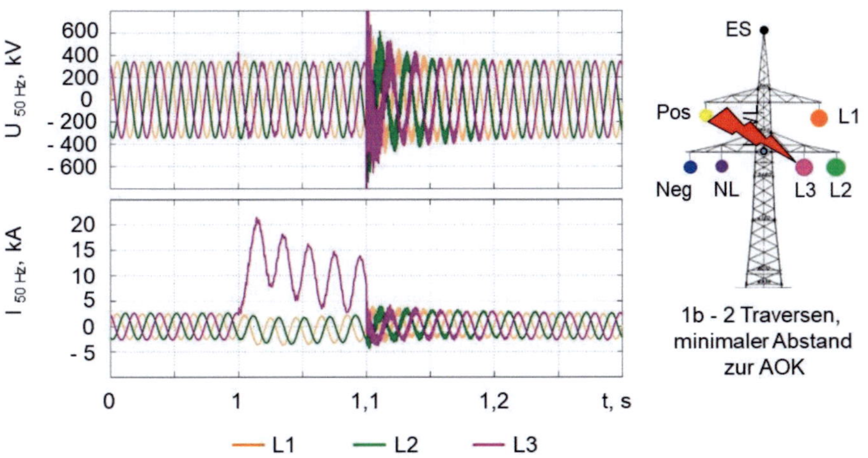

Abb. A.12: Leiter-Erde-Spannungen und Ströme im 380-kV-Netz (Station B) unter der Beeinflussung des Kurzschlusses (Station B) zwischen den Leitern von AC- und DC- Leitungen, GML-Länge 50 km, Kurzschlussbeginn mit 1 s, Kurzschlussende mit 1,1 s

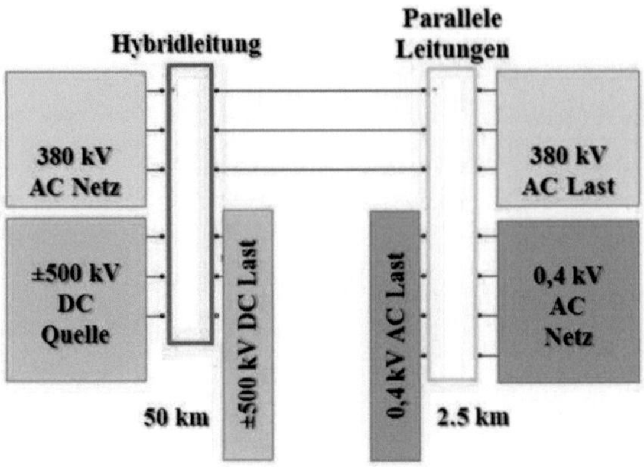

Abb. A.13: Netzkonfiguration für die Untersuchung der Flicker-Ausbreitung

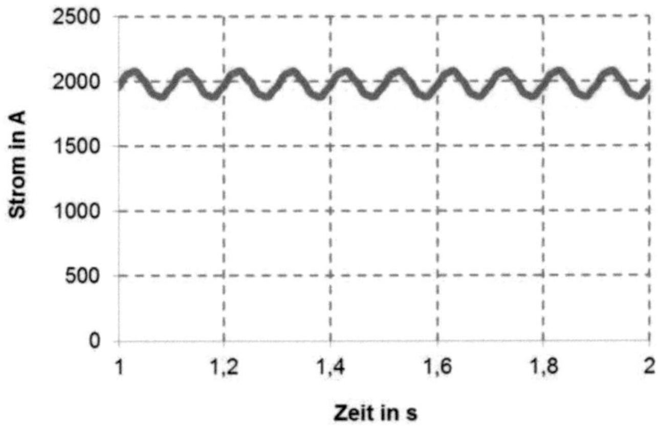

Abb. A.14: DC-Stromschwankungen

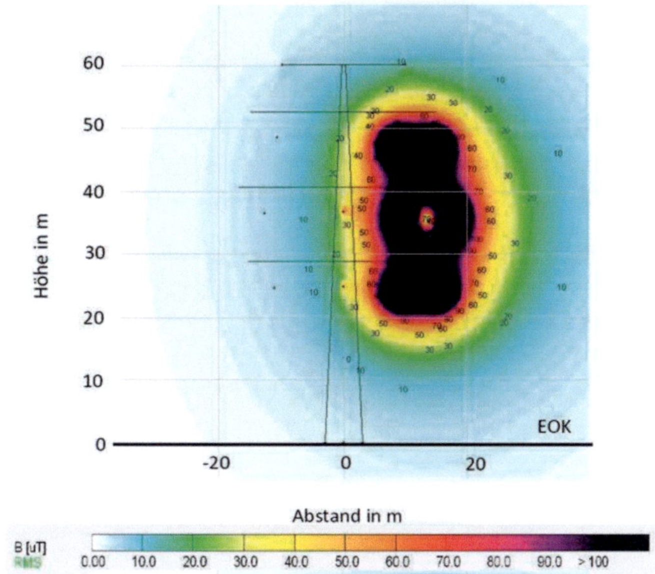

Abb. A.15: Magnetische AC-Felder bei Betrieb der Hybrid-Freileitung AC-Stromkreise: 380 kV, 2x1800 A; DC-Stromkreise: ±500 kV, 2000 A

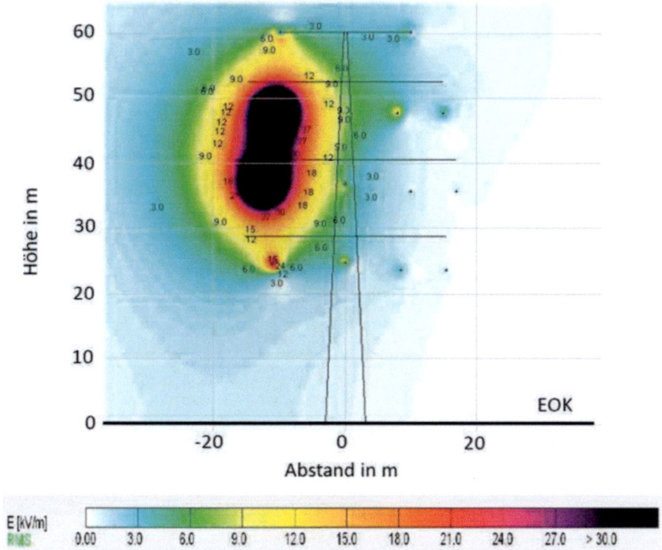

Abb. A.16: Statische elektrische DC-Felder bei Betrieb der Hybrid-Freileitung. AC-Stromkreise: 380 kV, 2x1800 A; DC-Stromkreise: ±500 kV, 2000 A

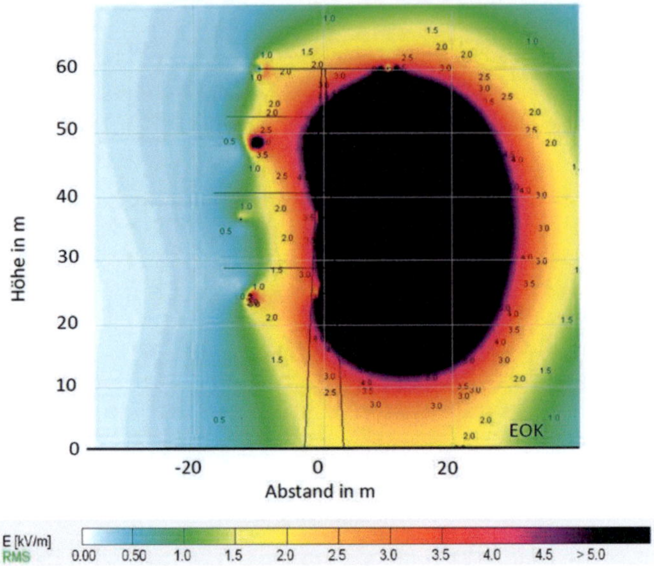

Abb. A.17: Elektrische AC-Felder bei Betrieb der Hybrid-Freileitung. AC-Stromkreise: 380 kV, 2x1800 A; DC-Stromkreise: ±500 kV, 2000 A

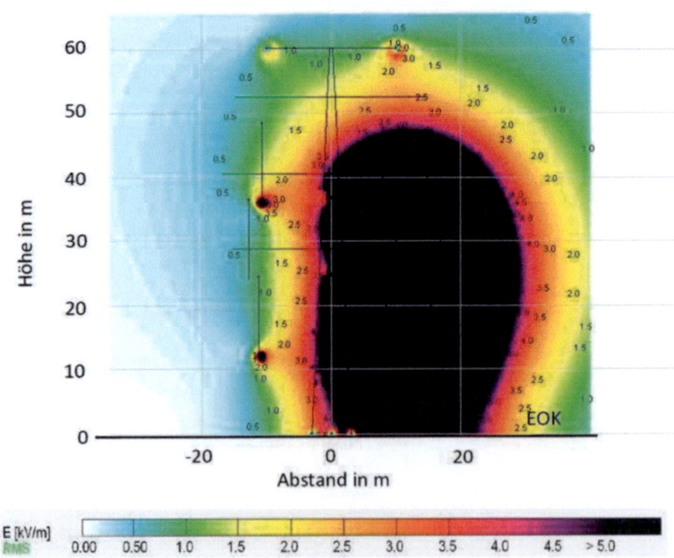

Abb. A.18: Elektrische AC-Felder bei Betrieb der Hybrid-Freileitung, AC-Stromkreise: 380 kV, 2x1800 A; DC-Stromkreise: ±500 kV, 2000 A; Berücksichtigung des Durchhanges, Mindestbodenabstand 12 m

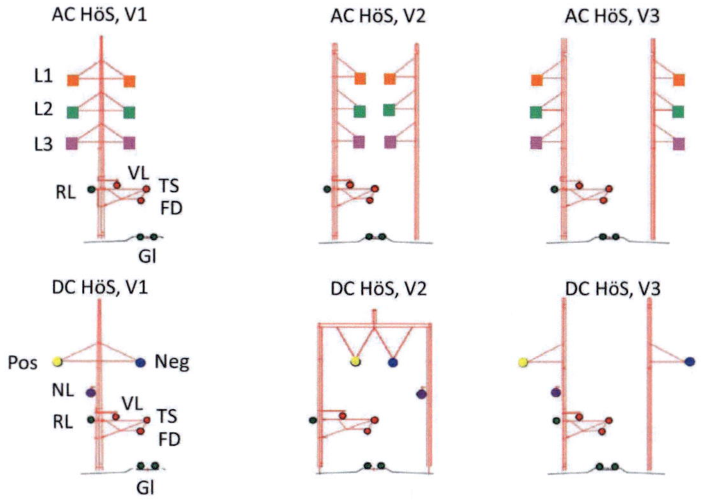

Abb. A.19: Aufbau der Gemeinschaftsgestänge für HöS-Leitung und Oberleitung des Bahnnetzes; erste Reihe - für AC-Leitung in 3 Varianten, zweite Reihe - für DC-Leitung in 3 Varianten. L1, L2, L3 - Phasenleiter, FD - Fahrdraht, TS - Tragseil, VL - Verstärkungsleitung, RL - Rückleiter, GL - Gleise, Pos - positiver Polleiter, Neg - negativer Polleiter, NL - Neutralleiter. In Anlehnung an [25]

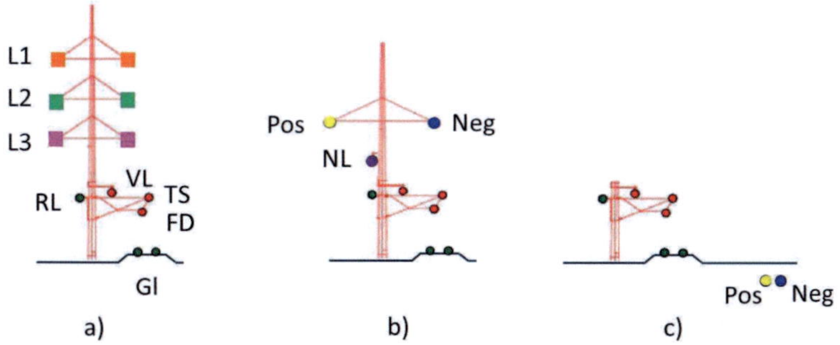

Abb. A.20: Leiteranordnung der mitgeführten a) 380-kV-Leitungen (50 Hz), b) ±500-kV-Leitungen (DC-Freileitung), c) ±500-kV-Leitungen (DC-Kabelleitung) und Bahnnetz. L1, L2, L3 - Phasenleiter, FD - Fahrdraht, TS - Tragseil, VL - Verstärkungsleitung, RL - Rückleiter, GL - Gleise, Pos - positiver Polleiter, Neg - negativer Polleiter, NL - Neutralleiter

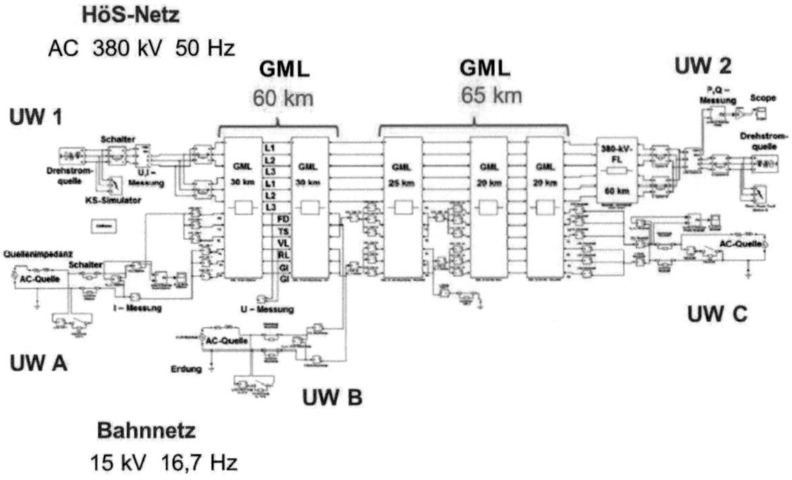

Abb. A.21: MATLAB-Modell der gekoppelten 50-Hz- und 16,7-Hz-Netze

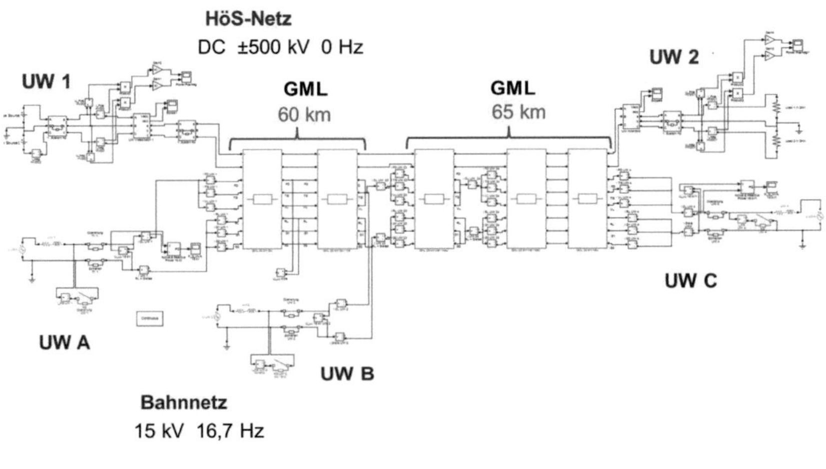

Abb. A.22: MATLAB-Modell der gekoppelten Gleichstrom- und 16,7-Hz-Netze

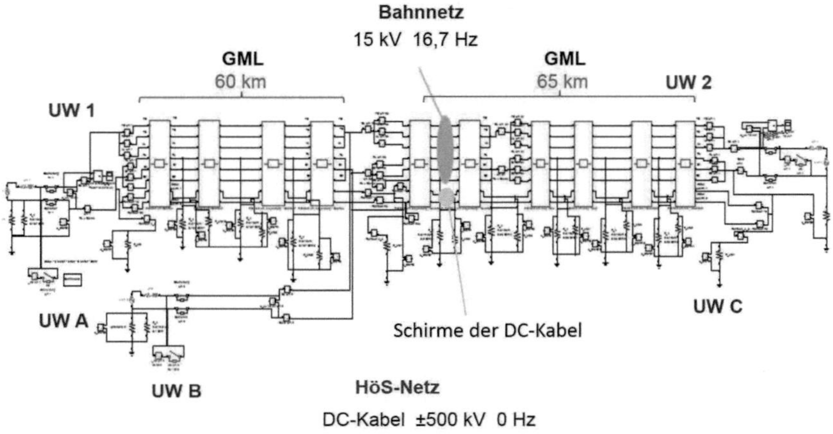

Abb. A.23: MATLAB-Modell der gekoppelten Gleichstromkabel und 16,7-Hz-Netze

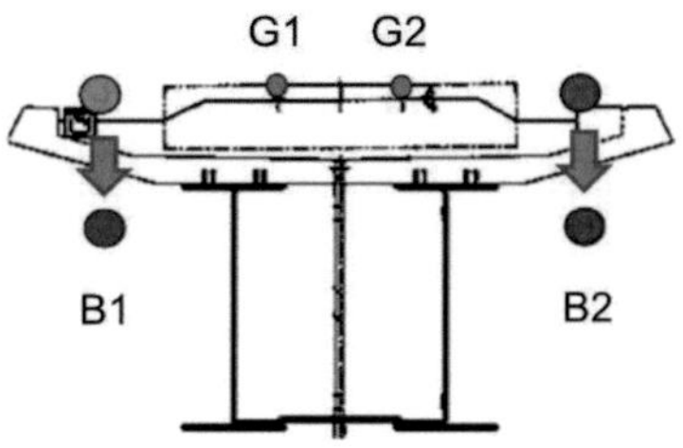

Abb. A.24: Vereinfachtes Modell der Eisenbahnbrücke mit kleisförmigen Balken (G1, G2 - die Gleise, B1, B2 - die Brückenbalken, die auf der gleichen Höhe mit den Gleisen oder 1 Meter tiefer positioniert

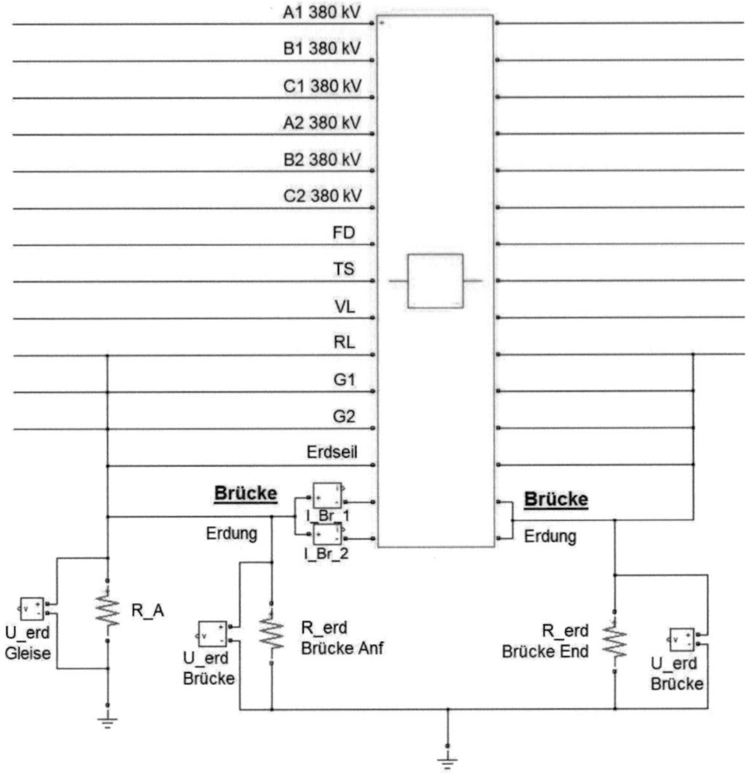

Abb. A.25: Ausschnitt mit der nachgebildeten Brücke im MATLAB-Modell

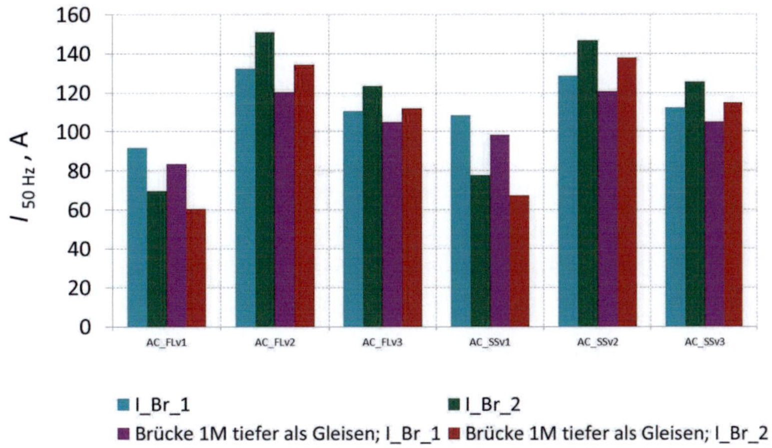

Abb. A.26: Induzierte 50-Hz-Ströme in der Brücke im Normalbetriebszustand

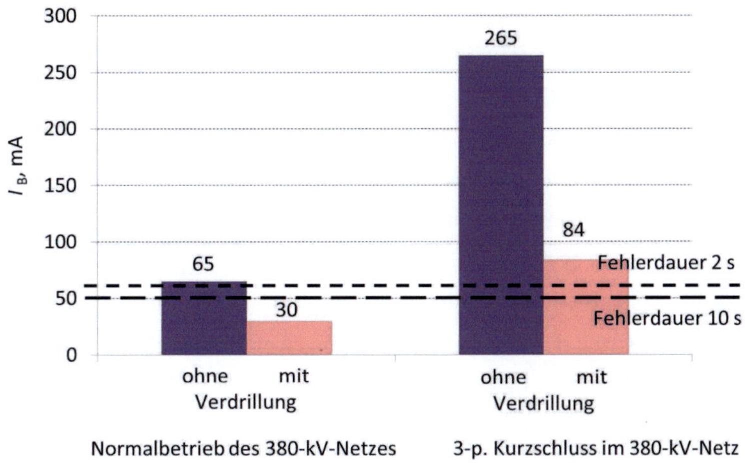

Abb. A.27: Körperstrom bei Arbeiten am abgeschalteten System der 110-kV-Leitung

B Abkürzungsverzeichnis

AC	engl. alternating current (Wechselstrom)
AE	Zusatzerdungsleiter, Arbeitserder
Agros2D	Software für numerische Lösungen von 2D-gekoppelten Problemen
AL1/ST1A	Aluminium/Stahl (z.B. als Leiterseilmaterial)
ANYPOLE	Software zur Berechnung von transienten Vorgänge
Amprion	deutscher Übertragungsnetzbetreiber
DC	engl. direct current (Gleichstrom)
E-Spule	Erdschlusslöschspule
EMF	elektrische und magnetische Felder
EMTP-ATP	engl. Electromagnetic Transients Program (Simulationsprogramm zur Berechnung von elektromagnetischen Ausgleichsvorgänge)
EOK	Erdoberkante
ES	Erdseil
FD	Fahrdraht
FL	Freileitung
GL	Schienen/Gleise
GML	Gemeinschaftsleitung
HGÜ	Hochspannungs-Gleichstrom- Übertragung
HoS-Leitung	Hochspannungsleitung
HöS-Leitung	Höchstspannungsleitung
IEEE-Standard	engl. Institute of Electrical and Electronics Engineers (Standard von weltweiter Berufsverband von Ingenieuren aus den Bereichen Elektrotechnik und Informationstechnik)
KNOSPE	Kurzzeitige Niederohmige Sternpunkterdung
KS	Kurzschluss
L1	Leiter 1 (auch A)
L2	Leiter 2 (auch B)
L3	Leiter 3 (auch C)
LWL	Lichtwellenleiter
MATLAB	Software zur numerischen Berechnungen mithilfe von Matrizen
Neg	negativer Leiter
NL	Neutralleiter

NOSPE	Niederohmige Sternpunkterdung
NOVA-Prinzip	Netz - Optimierung vor Verstärkung vor Ausbau
OL	Oberleitung
OSPE	Ohne Sternpunkterdung
Pos	positiver Leiter
RESPE	Resonanzsternpunkterdung
RL	Rückleiter
RLC-Parameter	ohmsch-induktive und kapazitive Parameter
Simulink	Software des Herstellers von MATLAB zur Modellierung von verschiedenen Systemen (z.B. elektrischen)
SPE	Sternpunkterdung
SS	Sammelschiene
St. 1	Station 1
St. 2	Station 2
TransnetBW	deutscher Übertragungsnetzbetreiber, Hauptsitz in Stuttgart
TU	Technischer Universität
TS	Tragseil
Ultranet	geplante parallele Hochspannungs-Gleichstrom-Übertragung und Wechselstromübertragung in Deutschland
UW	Umspannwerk
Var.	Variante
VDE	Verband Deutscher Elektrotechniker
VDEW	Verband der Elektrizitätswirtschaft
VL	Verstärkungsleiter
VPE	vernetzter Polyethylen (z.B. in der Kabelisolierung)
WinField	Software zur Berechnung der elektrischen und magnetischen Felder
Worst-Case	kritischster Fall

C Formelzeichen und Einheiten

Notation

Die im Rahmen dieser Arbeit genutzte Notation wird im Folgenden exemplarisch am Buchstaben „a“ beschrieben. Die Darstellung aller Variablen erfolgt anhand kursiver Buchstaben mit Serife (a). Eine Matrix wird mit einem fett geschriebenen Großbuchstaben gekennzeichnet ($\boldsymbol{A}$). Vektoren sind mittels einem fettgeschriebenen Kleinbuchstaben dargestellt ($\boldsymbol{a}$). Die Abbildung von skalaren Variablen erfolgt in physikalischen Größen als Groß- (A) und in bezogenen Größen als Kleinbuchstabe (a). Handelt es sich um eine komplexe Größe wird deren Variable unterstrichen dargestellt ($\underline{a}$).

Formelzeichen

$\boldsymbol{C}$	Koppelkapazitätsmatrix
C_E	Leiter-Erde-Kapazität
C_{ii}	eigene Kapazität Leiter i
C_{ik}	Kapazität zwischen Leitern i und k
d	Dämpfung
h_i	Aufhängehöhe des Leiterseils i
h_k	Aufhängehöhe des Leiterseils k
h_S	Höhe des Stegs
D_{ik}	geometrischer Abstand zwischen Leiter i und gespiegeltem Leiter k'
d_{ik}	geometrischer Abstand zwischen Leiter i und Leiter k
$\underline{I}$	komplexer Strom
i	beeinflussender Leiter
i'	gespiegelter Leiter (vom beeinflussenden Leiter i)
$I_{16,7\ \mathrm{Hz}}$	induzierter Wert der 16,7-Hz-Stromkomponente
$I_{50\ \mathrm{Hz}}$	induzierter Wert der 50-Hz-Stromkomponente
I_B	durch den Körper fließender Strom
$\underline{I}_\mathrm{BQ}$	Quellenstrom
$\underline{I}_\mathrm{BV}$	prospektiv induzierter Strom
I_CE	kapazitiver Erdschlussstrom
I_E	Teil des Fehlerstromes I_F
I_Eff	Stromeffektivwert
I_f	Strom der Frequenz f

I_{F}	Erdfehlerstrom
I_k	Strom des Leiters k
I_{ME}	Strom der E-Spule
I_{ps}	psophometrischer Stromeektifwert
I_{R}	Erdschlussreststrom
I_{Rb}	Blindreststrom
$I_{\mathtt{Rmax}}$	maximaler Erdschlussreststrom
I_{Rw}	Wirkreststrom (Wattreststrom)
I_{Zugstrom}	Zugstrom
I_{Zul}	zulässiger Wert der Dauerstrombelastbarkeit der Leiter
j	komplexer Operator
k	Unsymmetriefaktor
k	beeinflusster Leiter
k'	gespiegelter Leiter (vom beeinflussten Leiter)
$\boldsymbol{L}$	Koppelinduktivitätsmatrix
L	Leiterlänge
L	induktiver Widerstand des Phasenseils pro Spannfeld
L_{ii}	eigene Induktivität Leiter i
L_{ik}	Induktivität zwischen Leitern i und k
L_{M}	Induktivität der Erschlusslöschspule
$L_{\mathtt{Spw}}$	Länge des Spannfeldes
n	Anzahl der Knoten
$\boldsymbol{P}$	Potentialkoeffizientenmatrix
p_{800}	Gewichtungsfaktor für die Frequenz 800 Hz
P_{lt}	Langzeit-Flicker
P_{st}	Kurzzeit-Flicker
p_f	Gewichtungsfaktor für die Frequenz f
r_i	Radius des Leiters i
$\boldsymbol{R}$	ohmsche Koppelmatrix
R	Wirkwiderstand
R_{A}	Ausbreitungswiderstand
R_{AE}	Widerstand des Arbeitserders
R_{E}	äquivalenter Erdungswiderstand am Verknüpfungspunkt des Arbeitserders
R_{EM}	äquivalenter Erdungswiderstand am Arbeitsort
R_{F}	ohmsche Widerstand an der Fehlerstelle
R_{ii}	eigener Widerstand Leiter i

R_{ik}	Widerstand zwischen Leitern i und k
R_{M}	Widerstand des Menschen
R_1	ohmscher Widerstand des Phasenseils pro Spannfeld
R_{Mast}	Mastausbreitungswiderstand
R_{UW}	Ausbreitungswiderstand der Erdungsanlage des Umspannwerkes
t	Zeit
t_{O}	Querschnitt des Obergurtes
t_{S}	Querschnitt des Stegs
t_{U}	Querschnitt des Untergurtes
$\underline{U}$	komplexe Knotenspannung
U_{B}	Berührungsspannung
$\underline{U}_{\mathrm{BC}}$	Leiter-Erde-Spannung, verursacht durch kapazitive Kopplung
$\underline{U}_{\mathrm{BQ}}$	Quellenspannung
U_{E}	Erdungsspannung
U_{F}	Fehlerspannung
U_{FS}	Leiter-Erde Spannungs des Leiters S (L2)
U_{FT}	Leiter-Erde Spannungs des Leiters T (L3)
U_k	Leiter-Erde-Spannung der Leiter k
U_{ME}	Sternpunkt-Erde-Spannung (Verlagerungsspannung)
$U_{\mathrm{ME\ (4x1800A)}}$	Verlagerungsspannung im Normalbetrieb des 380-kV-Netzes
$U_{\mathrm{ME\ (1\ ph.\ KS)}}$	Verlagerungsspannung beim 1-poligen Kurzschluss im 380-kV-Netz
$U_{\mathrm{ME\ max}}$	maximale Verlagerungsspannung
U_{N}	Leiter-Erde-Bemessungsspannung
U_{NR}	symmetrische Spannungsquelle Leiter R (L1)
U_{NS}	symmetrische Spannungsquelle Leiter S (L2)
U_{NT}	symmetrische Spannungsquelle Leiter T (L3)
U_{RE}	Leiter-Erde-Spannung des Leiters R (L1)
$U_{\mathrm{RE\ (4x1800A)}}$	Leiter-Erde-Spannung des Leiters R (L1) im Normalbetrieb des 380-kV-Netzes
$U_{\mathrm{RE\ (1\ ph.\ KS)}}$	Leiter-Erde-Spannung des Leiters R (L1) beim 1-poligen Kurzschluss im 380-kV-Netz
U_{SE}	Leiter-Erde-Spannung des Leiters S (L2)
$U_{\mathrm{SE\ (4x1800A)}}$	Leiter-Erde-Spannung des Leiters S (L2) im Normalbetrieb des 380-kV-Netzes

$U_{\mathrm{SE\ (1\ ph.\ KS)}}$	Leiter-Erde-Spannung des Leiters S (L2) beim 1-poligen Kurzschluss im 380-kV-Netz
U_{TE}	Leiter-Erde-Spannung des Leiters T (L3)
$U_{\mathrm{TE\ (4x1800A)}}$	Leiter-Erde-Spannung des Leiters T (L3) im Normalbetrieb des 380-kV-Netzes
$U_{\mathrm{TE\ (1\ ph.\ KS)}}$	Leiter-Erde-Spannung des Leiters T (L3) beim 1-poligen Kurzschluss im 380-kV-Netz
U_{Tp}	zulässige Berührungsspannung
x	gesuchte Größe der Leitung
X_{M}	Reaktanz der Spule
Z_{E}	Erdungsimpedanz
Z_{ik}	die Impedanz zwischen Leiter i und k
ϵ_0	dielektrische Leitfähigkeit des freien Raumes, Permittivität
μ_0	magnetische Leitfähigkeit des freien Raumes, Permeabilität
ρ_{E}	spezifischer Erdwiderstand
ω	Kreisfrequenz
ν	Kompensationsstärke

Einheiten

A	Ampere, $[I] = \mathrm{A}$
F	Farad, $[C] = \mathrm{F}$
H	Henry, $[L] = \mathrm{H}$
Hz	Hertz, $[f] = \mathrm{Hz}$
Ohm	Ohm, $[R] = \mathrm{Ohm}$
p.u.	per unit, Einheit für bezogene Größen
T	Tesla, $[B] = \mathrm{T}$
V	Volt, $[U] = \mathrm{V}$

D Abbildungsverzeichnis

E Tabellenverzeichnis